DATA ANALYSIS
& ICT

文科系学生のための
データ分析と
ICT活用

Data Analysis based ICT for All Students
of the Faculty of Economics
or Business

森 園子・二宮 智子 著

共立出版

はじめに

　高度情報通信技術の普及と深化により，職業や雇用形態が著しく変容し，グローバル化の波も打ち寄せている．
　このような変化が激しく先の見えない不確実な時代にあって，未来を切り開いていく力としてのデータ分析・解析能力が今，強く求められている．溢れるほどの情報・データから
　問題・課題を見出し，
　価値のあるデータを抽出する力，
　分析・解析し，意思決定する問題解決能力
である．
　このデータ分析・解析力は，特に，経済・ビジネス・社会分野等の文科系分野に強く求められる所であるが，その分析にはICTの利用が不可欠である．近時POSシステム，ビッグデータ技術をはじめとした通信システムの普及により，流通等に関するあらゆるデータを取得することが可能となった．データの検索及び収集，分析等のどの段階においても，ICTの活用は不可欠であり，データ分析と表裏一体の関係にある．
　これからの社会を生き抜く学生諸君にとって，このようなデータ分析力とICTを駆使していく力は，極めて必要かつ重要な力となる．

　データ分析とは，現象の特徴を捉えるために，その現象を表す一塊の情報を統計的・数理的に分析・表現することを言う．統計的な考え方や手法を基盤とし，また多く用いられるが，その分野に応じた独特の分析方法や数理的なアイディアも多く存在する．

　以上を鑑みて，本書は，特に文科系学部で学ぶ学生諸君を対象として構成され，第1部「実証分析の基礎と応用」で，記述統計を基礎とした実証分析や統計的手法について学び，続く第2部「経済活動におけるデータ分析」では，各分野，特に経済・ビジネス分野において行われているデータ分析や数理的な手法・アイディアを学ぶものとした．
　第1部を二宮が，第2部を森が執筆した．
　本書で用いられる課題，練習問題等の教材ファイルは，共立出版の下記のサイトにアップロードされている．
　　　　　　http://www.kyoritsu-pub.co.jp/bookdetail/9784320123823

　また，本書で用いられるExcelのバージョンは2010であるが，2013に対応した方法も，同サイトに含まれている．ご活用ください．

末筆ながら，本書の作成に辛抱強く尽力して頂いた，共立出版の中川暢子氏に心より感謝の言葉を申し上げます．

2015 年 2 月

森 園子・二宮智子

目　次

第1部　実証分析の基礎と応用

第1章　データの取り扱い　記述統計の基礎 ─────── 2
　1.1　データのタイプ　*2*
　1.2　1変数のデータの記述と解釈　*7*
　　　1.2.1　順序のない質的データのまとめ方　*7*
　　　1.2.2　順序のある質的データのまとめ方　*12*
　　　1.2.3　数量データのまとめ方　*17*
　1.3　2変数のクロス集計表　*33*

第2章　統計的推測と仮説検定 ─────── 37
　2.1　母集団と標本　*37*
　2.2　カイ二乗検定　*38*
　2.3　統計的検定　*48*
　2.4　正規分布と中心極限定理　*48*
　　　2.4.1　正規分布　*48*
　　　2.4.2　中心極限定理　*50*
　2.5　その他の確率分布　*55*
　　　2.5.1　t分布　*55*
　　　2.5.2　F分布　*56*
　　　2.5.3　カイ二乗分布　*56*
　2.6　母平均の推定　*57*
　2.7　独立した2つの平均値の差の検定　*58*

第3章　関連性の分析──2種類の数量データの関係の捉え方 ─────── 62
　3.1　散布図　*62*
　3.2　共分散と相関係数　*64*
　　　3.2.1　共分散　*64*
　　　3.2.2　相関係数　*65*
　3.3　回帰分析　*68*
　　　3.3.1　単回帰分析　*68*

　　　　3.3.2　重回帰分析　*80*
　　　　3.3.3　回帰分析の発展　*88*

第2部　経済活動におけるデータ分析

第4章　外部データの取り込みと Excel 基本操作 ―― *92*
　4.1　外部データの取り込み　*92*
　4.2　表の作成と編集　*102*
　4.3　相対参照／絶対参照／複合参照　*110*

第5章　さまざまな経済活動 ―― *115*
　5.1　ABC 分析とパレート図　*115*
　5.2　身長と体重の丁度良い関係　*126*
　5.3　所得税の計算方法　*130*
　5.4　所得の格差を測る　ローレンツ曲線とジニ係数　*134*

第6章　指数／伸び率／成長率 ―― *140*
　6.1　指数(index)とは　*140*
　6.2　指数／伸び率(増減率)／成長率　*143*
　6.3　消費者物価指数とデフレータ　*149*
　　　　6.3.1　消費者物価指数(CPI：Consumer Price Index)とは　*149*
　　　　6.3.2　物価指数とは　*150*
　　　　6.3.3　GDP デフレータと実質 GDP　*161*

第7章　相加平均と相乗平均 ―― *165*
　7.1　相加平均と相乗平均の意味　*165*
　7.2　移動平均：相加平均　*167*
　7.3　平均経済成長率：相乗平均　*172*
　7.4　移動平均と成長率のグラフ　*175*
　7.5　移動平均と Z チャート　*186*

第8章　経済変化の要因分析 ―― *189*
　8.1　寄与度／寄与率／修正寄与率とは　*189*
　8.2　構成比／増減率／寄与度／寄与率を求める　*191*

第9章　単利と複利　指数と対数 —————————— 204

9.1　貯蓄　単利と複利　*205*

9.2　式の変形　*206*

9.3　キャッシュフロー　現在価値，将来価値，割引率，収益率　*209*

9.4　単利法と複利法の Excel 上の表とグラフ　*212*

9.5　金利計算　ローンの返済　*216*

9.6　What-If 分析（ゴールシーク）の利用　*220*

9.7　PPM 分析とバブルチャート　*229*

参考文献 ———————————————————————— *243*

索　　引 ———————————————————————— *244*

第 1 部

実証分析の基礎と応用

第1章 データの取り扱い 記述統計の基礎

Data Analysis based ICT for All Students of the Faculty of Economics or Business

日常生活において,電車や新聞・雑誌,そしてインターネットの閲覧ページの中に,棒,円,折れ線などのさまざまな統計グラフを見かける。データは表やグラフにまとめて表現・記述することで,わかりやすい情報として捉えることができ,時には新たな情報を発見することもできる。また,他人に情報を伝える時にもわかりやすく便利である。コンピュータのハードウェアとソフトウェアの発達のおかげで,データをまとめて表現・記述することは簡単になり,記述した後の"読み取って解釈する"に重点を置くことができるようになった。

1.1 データのタイプ

データには,特定の質や特性を表す**質的データ**(カテゴリカルデータ)と,主として数えたり,測ったりして得られる**数量データ**がある。質的データは,順序のない質的データと順序のある質的データに分類され,数量データは,離散の数量データと連続の数量データに分類される。

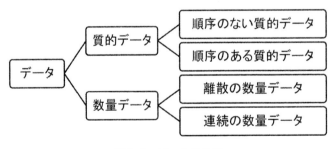

図1.1 データの分類

(1) 順序のない質的データ

性別のデータは,"男"か"女"で表される順序のない質的データである。質的データの各

値をカテゴリという。性別のデータは"男"と"女"の2つのカテゴリを持つ質的データである。質的データはもともと数（すう）で表されないが，それぞれのカテゴリに離散の数値を与えて識別すると，コンピュータへのデータ入力が簡単である。例えば，

 1 男
 2 女

と与える。数値は，識別するためだけに仮に与えたものであり，数値としての大きさの意味はない。したがって，1を女，2を男として，1と2の意味を入れかえても，何ら差し支えない。図1.2のアンケートシートで，例えば，血液型は順序のない質的データである。

アンケート調査シートの例

●次の質問に答えてください．

<フェースシート>　あなた自身について伺います．
F1　性別　　　　1. 男性　　　　2. 女性

Q1　自宅から大学に通っていますか？
  1. はい　　　2. いいえ

Q2　通学時間は片道どの位かかりますか　　　（　　　　　分）

Q3　今日は何時に学校に到着しましたか？　　（　　）時（　　）分

Q4　クラブに入っていますか？
  1. 入っている　（　　　　　）部　　　2. 入っていない

Q5　アルバイトをしていますか？
  1. している　　1週間に（　　）回　　1週間に平均（　　）時間
  2. していない

Q6　家で1日平均どの位勉強しますか？
  1. ほとんどしない　　2. 30分以内　　3. 31分―60分（1時間）
  4. 60分（1時間）―120分（2時間）　　5. 120分（2時間）以上

Q7　血液型は何ですか？
  1. A　　2. B　　3. O　　4. AB

Q8　何色がもっとも好きですか　（　　　　　　）

Q9　身長はどの位ですか　（　　　　　cm）

Q10　靴のサイズはどの位ですか　（　　　　cm）

Q11　1か月の小遣いはいくらですか？
  1. 2,000円以下　　2. 2,001―4,000円　　3. 4,001―6,000円　　4. 6,001―10,000円
  5. 10,001-20,000円　　6. 20,001-30,000円　　7. 30.001円以上

Q12　携帯電話加入サイトはどこですか？
  1. NTTドコモ　　2. エーユー　　3. ソフトバンク　　4. その他

Q13　携帯電話の使用料金は1ヶ月平均どの位ですか？　平均（約　　　　円）

Q14　コンビニにはどの位の頻度で行きますか？
  1. 全く行かない　　2. 1週間に一回　　3. 2・3日に1回　　4. 1日1回
  5. 1日2回　　6. 1日3回以上

など．

図1.2

> 参考
>
> 統計処理をする場合には，Excelを始めほとんどのソフトウェアにおいて，各項目のデータを1列に並べ，処理対象としての人などの個体のデータを1行に並べた表形式のデータを主として扱う。この場合に項目を変数，調査対象をケースと呼び，全体の表形式のデータをクロスセクションデータと呼ぶ。

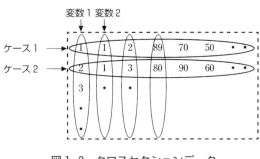

図1.3　クロスセクションデータ

（2）順序のある質的データ（順序データ）

質的データの中には，大きい順または小さい順に並べることのできる順序のある質的データがある。順序のある質的データを順序データともいう。例えば景気の見通しについて，

1　明るい
2　やや明るい
3　普通
4　やや暗い
5　暗い

のように，5段階の回答を用いると，1〜5の数値データが得られる。数値は仮に与えたものであるが，小さいほど景気回復に対して肯定的，大きいほど否定的であることを表している。数字の大きさに順序があり，小さいか大きいかに意味がある。順序データである。

また，年齢についての質問で，年齢に幅を持たせて（あらかじめ，統計で集計することを考慮してよく行う操作である），

1　20代
2　30代
3　40代
4　50代
5　60才以上

としての回答を用いると，1〜5の大きいほど年上であるという順序データが得られる。もう一つの例として，順序データが有効な場合の例を見てみよう。コーヒー摂取量についての質問として，以下の3通りを比較してみる。

【コーヒー摂取量に対する質問】
例1．毎日コーヒーを何杯飲むか？
　　（　　）杯
例2．毎日コーヒーをどの位飲むか？
　　1．全然飲まない
　　2．少し飲む
　　3．普通
　　4．かなり飲む
　　5．非常に多く飲む
例3．毎日コーヒーを何杯飲むか？
　　1．飲まない（0杯）
　　2．1～2杯
　　3．3～5杯
　　4．6～9杯
　　5．10杯以上

例1の場合，回答者は，はっきりとした数値では答えにくい。よって，正確なデータは得られにくい。このような場合に，例2あるいは例3のような質問と回答を用意すると，いずれも1～5の順序データが得られる。しかし，例2の場合には，回答者によって数値化されている内容の解釈が異なってしまう可能性がある。1日平均5杯を飲むとしたら，それは多いのだろうか？少ないのだろうか？迷ってしまう。例3の方が正確なデータが得られるであろう。できるだけ正確なデータを用い，有効な統計処理結果が得られるよう回答を設定すると良い。

（3）　数量データ

順序データは，数値の大きさに意味はあるが，数値と数値の間の差の意味は明確でない。それは差が距離を表すものでないからである。すなわち，差の値は同じでも，その違いは同じでない。差をとることは意味がない。前述のコーヒー摂取量の例3で，データの2と3，4と5の差はいずれも1となるが，同じ意味を持った差ではない。しかし，身長のデータのように，数値の大きさに意味があり，さらに，どの2つのデータに対しても，差の値が同じならば同じ違いであると解釈できるデータもある。数値の大きさや2つの数値の差が意味を持っている数値データを数量データと呼び，質的データとは区別する。数量データには，cmを単位とした身長データのように測って得られる少数点を含む数量データと，テストの点のように点数を数えて得られる数量データがある。

参考　尺度による分類

データを尺度(スケール)で分類する場合がある。名義尺度,順序尺度,間隔尺度,比率尺度という4つに分類し,それぞれの尺度に適した統計処理を適用する。

名義尺度のデータは,つけられている数値が単に名目上のものであり,何の意味もない。順序のない質的データに対応する。

順序尺度データは順序のある質的データと同じである。

名義尺度と順序尺度のデータは質的データである。

間隔と比率尺度のデータは数量データの扱いとなる。間隔尺度のデータが距離(差)が意味を持ち,比率尺度のデータは更に2倍,3倍,1/2といった比率も意味を持つデータであると分類される。例えば,テストの点は間隔尺度のデータ,身長は比率尺度のデータと分類される。統計計算において,間隔と比率の両尺度データはほぼ同じ扱いで計算できる。したがって,両者を区別せず,数量データとして扱うことにする。

[問題 1.1]

図1.2のアンケートの質問Q1からQ14で得られるデータはそれぞれ,(1)から(3)のどのタイプか？

● GSS データ ●●●

本書で使用したGSSデータは,シカゴ大学の社会調査機関であるNational Opinion Reaeach Center(NORC)により1972年から実施されている。アメリカ合衆国在住の成人を母集団とし(精神病院にいる人など一部は除かれている),複雑な標本抽出を行って無作為に標本を抽出している。質問は非常に多岐にわたり,専門の調査員が家庭訪問をして聞き取り調査を行っている。データや変数に関する情報は,直接NORCのGSSウェブサイトから得られる。本書では,1998年の200件と2010年の4,901件について,以下のような処理を行って使用している。したがって,データはあくまでもサンプルデータであることを明記しておく。

(1) 1998年度データは,数種類の変数について無作為に200件をセレクトしたものである。
(2) 2010年度データは,数種類の変数について全件セレクトしたものである。
(3) 変数の内容や値についての詳しい情報はGSSのホームページでオンライン検索ができる。

http://www3.norc.org/Gss+website/

1.2　1変数のデータの記述と解釈

データを表現・記述する場合に、各データのタイプに応じた適切な表やグラフを使用する。

1.2.1　順序のない質的データのまとめ方

　質的データは、最初に各カテゴリの数（かず）を数える。各カテゴリの数をカテゴリの度数といい、度数と度数の相対度数（全体の数に対する比率。%で表示したものを相対度数の百分率と呼ぶ）を表にまとめたものを度数分布表という。次に、度数や相対度数を用いて縦や横の棒グラフ、円グラフや帯グラフなどの統計グラフで表す。表やグラフから情報を読み取って解釈する。

【例 1.1】

　アメリカの社会調査データ（GSS, 2010年度版）から、回答者の支持政党を度数分布表（表1.1）にまとめ、横棒（図1.4）、円（図1.5）と帯（図1.6）の統計グラフを描いている（横棒のグラフは、度数と相対度数のいずれを用いても形は同じになる）。支持政党のデータは、共和党、民主党、その他の政党、支持政党なしの4つのカテゴリにまとめ、順序のない質的データで表している。政党別の支持の大小や割合を比較し解釈することができる。

表1.1　度数分布表

支持政党	度数	相対度数（百分率）
民主党	2,330	47.9%
共和党	1,631	33.5%
その他の政党	112	2.3%
支持政党なし	795	16.3%
合計	4,868	100.0%

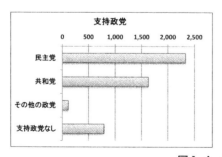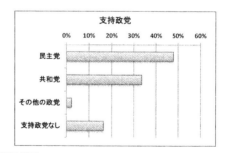

図1.4　横棒グラフ

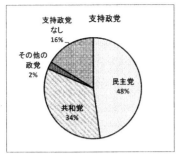

図1.5 円グラフ

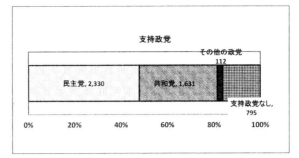

図1.6 帯グラフ

[問題1.2]

次の質問に答えよ。

(1) 表とグラフはどのように使い分けたら良いと思うか？
(2) 横棒グラフと円グラフはどのように使い分けたら良いと思うか？
(3) 日本の政党支持の世論調査のデータ（日本テレビ世論調査Webサイト，2010年3月，世帯数：1067，回答数：574，回答率：53.79％）を円グラフに表している（図1.7）。

上記のアメリカの支持政党と日本の支持政党を比較してみよう。どのようなことがわかるか？

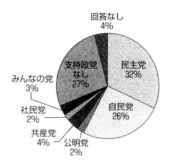

図1.7

演習1.1

1998年度GSSデータを用いて，支持政党（PARTYID）の度数分布表，棒グラフ，円グラフを作成する。支持政党のカテゴリは次のとおりである。

支持政党（PARTYID）： 1　民主党
　　　　　　　　　　　 2　無所属
　　　　　　　　　　　 3　共和党
　　　　　　　　　　　 4　その他の政党
　　　　　　　　　　　 9　DK・NA

操作方法

■ Excel　ピボットテーブルの利用

1．支持政党について度数分布表を作成する。

① データベースのリスト内をクリックし，[挿入]タブの[ピボットテーブル]を選択し，新規ワークシートにピボットテーブルを表示する。
② ピボットテーブルウィザードで[行]に支持政党，[値]にIDの個数を設定し(図1.8)，ピボットテーブルレポートを作成する。

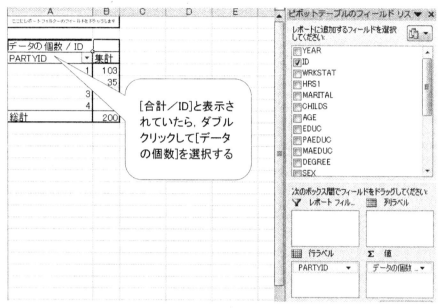

図1.8

③ 完成したピボットテーブルをコピー，形式を選択して貼り付け(値を選択)で表を作成する。
④ 右隣の列に相対度数の％を求めて表示し，度数分布表を完成する(1～4のカテゴリにラベルを入力する)。(図1.9)
⑤ 度数分布表を基に棒グラフと円グラフを作成する。(図1.10, 1.11)

データの個数 / ID	
PARTYID	集計
1	103
2	35
3	58
4	4
総計	200

支持政党	度数	相対度数の%
民主党	103	51.5%
無所属	35	17.5%
共和党	58	29.0%
その他の政党	4	2.0%
総計	200	100.0%

図1.9

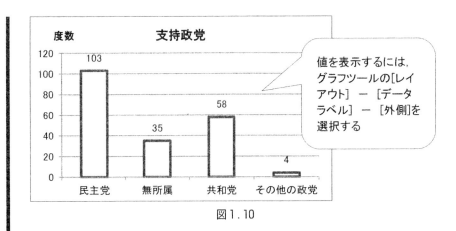

図1.10

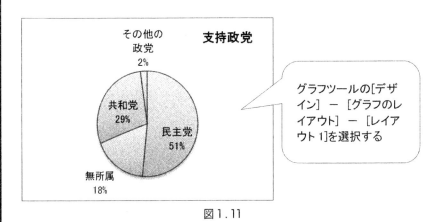

図1.11

■ SPSS
① 事前に, [変数ビュー]のシートで, 尺度(データのタイプ), 変数のラベルとカテゴリの値のラベルを入力しておく。
② [分析] - [記述統計] - [度数分布表]を選び, [図表]ボタンで棒グラフをチェックして[続行]とする。最後に[OK]をクリック。 ⇒ 度数分布表(図1.12)と棒グラフ(図1.13)が出力される。
③ [ダイアログ]ボタンの[度数分布表]を選択し, [度数分布表]のチェックを取り, 「円グラフ」をチェックして[続行]とする。最後に[OK]をクリック。 ⇒ 円グラフ(図1.14)が出力される。

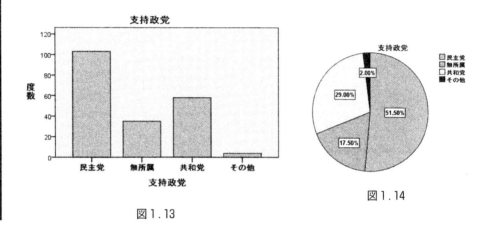

支持政党

		度数	パーセント	有効パーセント	累積パーセント
有効	民主党	103	51.5	51.5	51.5
	無所属	35	17.5	17.5	69.0
	共和党	58	29.0	29.0	98.0
	その他	4	2.0	2.0	100.0
	合計	200	100.0	100.0	

図1.12

図1.13

図1.14

課題1.1

アンケートのデータを用い,携帯電話契約サイトと血液型の度数分布表,棒グラフ,円グラフを作成し,各変数のデータの特徴を述べよ.

課題1.2

GSSのデータを用い,就業状態(変数 WRKSTAT)と婚姻状態(変数 MARITAL)の度数分布表,棒グラフ,円グラフを作成し,各変数のデータの特徴を述べよ.

【例1.2】

次の図1.15のグラフは,百貨店別の売上げデータを棒グラフで表したものである.百貨店は質的データであり,売上を度数とし,棒グラフで表している.各百貨店の売上高の大小を目で見て比較し,解釈することができる.

表 1.2

ランク	社名	売上（百万円）
1	高島屋	976,116
2	三越	669,049
3	そごう	482,114
4	大丸	453,454
5	西武百貨店	450,698
6	伊勢丹	434,431
7	阪急阪神百貨店	389,892
8	東急百貨店	284,896
9	近鉄百貨店	280,640
10	松坂屋	259,908

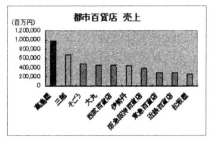

図 1.15

［出典：2008 年度　都市百貨店売上げランキング（http://j-boom.com/）］

1.2.2　順序のある質的データのまとめ方

　順序のあるデータの場合には，各カテゴリの度数，度数の百分率の他に累積度数と累積度数の百分率を含めた度数分布表にまとめる。次に，度数や相対度数を用いて縦や横のヒストグラム，円グラフや帯グラフなどの統計グラフで表し，さらに累積度数についはヒストグラムや度数多角形の統計グラフで表し，解釈する。

【例 1.3】

　表 1.3 と表 1.4 の度数分布表から，店舗 A と店舗 B の品揃えについて比較すると，不満足とやや不満足を合わせると店舗 A と店舗 B はそれぞれ 19.1% と 61.3% となり，店舗 B の方が品揃えについて不満な人が多いことがわかる。

表 1.3　A 商店の品揃えについての満足度

		度数	度数%	累積度数	累積度数%
1	不満足	2	2.3	2	2.2
2	やや不満足	15	17.2	17	19.1
3	普通	41	47.1	58	65.2
4	やや満足	22	25.3	80	89.9
5	満足	7	8.0	87	97.8
	合計	87	100.0		

表1.4　B商店の品揃えについての満足度

		度数	度数%	累積度数	累積度数%
1	不満足	16	22.3	16	21.3
2	やや不満足	30	40.0	46	61.3
3	普通	26	34.7	72	96.0
4	やや満足	2	2.7	74	98.7
5	満足	1	1.3	75	100.0
	合計	75	100.0		

　2つの度数分布表からヒストグラム,度数多角形,円グラフの統計グラフにまとめる(図1.16−1.19)。

　ヒストグラムは棒グラフと似ているが,各棒が接している。順序データの場合には,ヒストグラムを使ってグラフ化する。重要なことは,順序のない場合と異なり,高さだけでなく全体の形を見て解釈する必要がある。真ん中が高い形をしている,左側が膨らんでいる,逆に右側が膨らんでいる,バラバラである,などの形を見てデータ全体の分布をみる。順序のない質的データの場合には,棒グラフの棒の高さのみが意味を持ち,全体の形状は関係ない。何故ならば,グラフに表示するカテゴリの順序を入れ替えても良いからである。順序データの場合には,カテゴリの順番は入れ替えられない。

　品揃えについてのA商店とB商店の満足度のグラフを見ると,A商店については,真中の普通が最も多くほぼ左右対象の山型の形をしているが,B商店については,不満足である方に圧倒的に偏っている。やや満足,満足の人を合わせても少ない。両店舗を比較して,買い物客のイメージから判断すると,「B商店の方がA商店よりも品揃えが不足している」と言えよう。

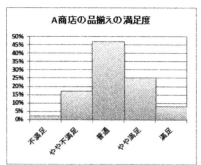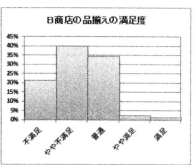

図1.16　品揃えの満足度のヒストグラム

　ヒストグラムと同様に,各カテゴリの度数を線で結んだ度数多角形グラフにより,各カテゴリの高さを比較し,全体の分布を捉えても良い。

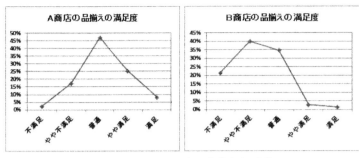

図1.17 品揃えの満足度の度数多角形グラフ

また、累積度数百分率を折れ線グラフとして、A, B両商店について重ね合わせたグラフを作成してみる。両店舗について、不満足から普通までの累積度数を比較すると、B店舗が上まわっていることがわかる。

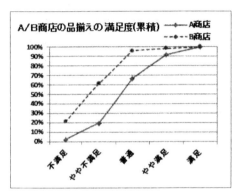

図1.18 品揃えの満足度の累積度数(百分率)の度数多角形グラフ

円グラフにより各カテゴリの割合をみて解釈することもできる。

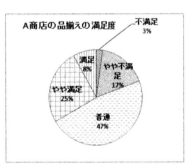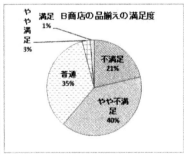

図1.19 品揃えの満足度の円グラフ

【例1.4】

2010年度GSSデータにおいて、回答者の仕事に対する満足度は、仕事を持つ人だけを抽出し無回答を除くと、「満足している」から「不満である」までの順序のある質的データと

なる。累積度数多角形を作成すると図 1.20 のようになる。これより, 90% 近くの人が仕事に満足していることがわかる。

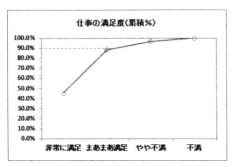

図 1.20　仕事の満足度の累積度数多角形グラフ

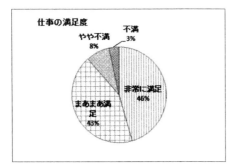

図 1.21　仕事の満足度の円グラフ

【例 1.5】

女性専用車両導入についてのアンケート調査の結果である。賛否についての 5 つのカテゴリからなる順序データを度数分布表にまとめて記述し, 結果を円グラフに表したものである。

表 1.5

女性専用車両導入の賛否	度数	度数%	累積度数	累積度数%
賛成	216	43%	216	43%
どちらかといえば賛成	196	39%	412	82%
どちらともいえない	70	14%	482	96%
どちらかといえば反対	12	2%	494	99%
反対	6	1%	500	100%
合計	500	100%		

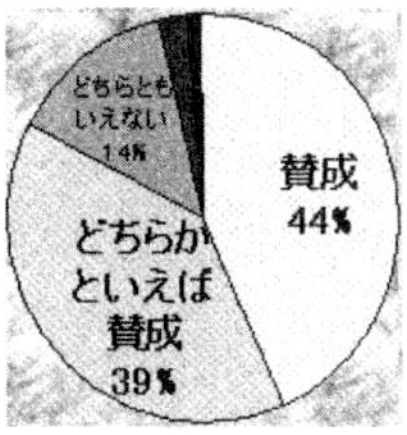

[出典：集まれ, ご意見 net (有効回答 500 人)（2007 年 8 月）]

図 1.22

[問題 1.3]

「賛成」と「どちらかといえば賛成」の 2 つのカテゴリを賛成していると捉えると, どの

位の人が女性専用車両導入に賛成していることになるか？

演習1.2

GSSのデータを用い、学歴（変数DEGREE）の度数分布表、ヒストグラム、円グラフを作成する。学歴のカテゴリは次のとおりである。

学歴(DEGREE)： 0　中卒以下
　　　　　　　　1　高卒
　　　　　　　　2　短大卒
　　　　　　　　3　大卒
　　　　　　　　4　大学院卒

操作方法

■ Excel　演習1.1と同じ操作で作成する

ただし、Excelのヒストグラムは棒グラフを次の操作でヒストグラムに変更する。
棒を選択し、グラフツールの[書式]−[現在の選択範囲]−[対象の書式設定]で、[系列オプション]の要素の間隔をなしにする。（図1.23, 1.24, 1.25）

学歴	度数	相対度数の%
中卒以下	37	18.5%
高卒	95	47.5%
短大卒	10	5.0%
大卒	40	20.0%
大学院卒	18	9.0%
合計	200	100.0%

図1.23

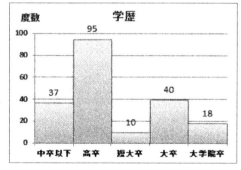

図1.24

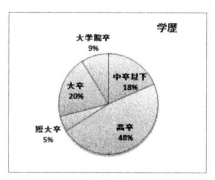

図1.25

■ SPSS 演習1.1と同じ操作で作成する

ただし,棒グラフエディタの棒のプロパティを選択し,棒グラフオプションで棒を100％表示とする。(図1.26, 1.27, 1.28)

学歴

		度数	パーセント	有効パーセント	累積パーセント
有効	中卒以下	37	18.5	18.5	18.5
	高卒	95	47.5	47.5	66.0
	短大卒	10	5.0	5.0	71.0
	大卒	40	20.0	20.0	91.0
	大学院卒	18	9.0	9.0	100.0
	合計	200	100.0	100.0	

図1.26

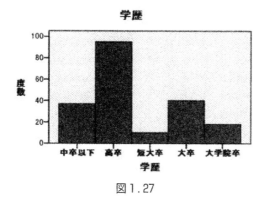

図1.27

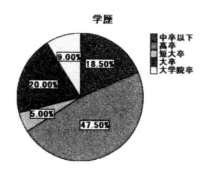

図1.28

課題1.3

アンケートのデータを用い,勉強時間の度数分布表,ヒストグラム,円グラフを作成し,勉強時間のデータの特徴を述べよ。

1.2.3 数量データのまとめ方

数量データは,それほどデータ数が多くない場合には,最初にドットプロットを描くと良い。ドットプロットを基に,階級による度数分布表とヒストグラム,さらに幹葉図や箱ひげ図等の分布グラフを描きデータ全体の分布を捉える。同時に,データの代表値と広がりを表す値によりデータの特徴を数値で捉える。データの特徴を表す数値のことを統計量と言う。統計量には,分布の歪み度や尖度を表す数値もある。

表1.6 あるクラスのテストの点

番号	数学	国語	番号	数学	国語
1	24	26	26	54	39
2	25	20	27	56	48
3	28	22	28	56	52
4	36	25	29	57	31
5	37	27	30	57	54
6	37	37	31	58	74
7	38	44	32	61	26
8	39	41	33	62	36
9	42	28	34	63	35
10	42	32	35	63	42
11	42	40	36	65	40
12	43	30	37	65	54
13	44	33	38	67	47
14	46	30	39	68	
15	47	32	40	69	32
16	48	25	41	69	47
17	48	31	42	72	33
18	48	44	43	73	58
19	50	49	44	73	59
20	51	37	45	75	44
21	51	38	46	75	89
22	52	38	47	76	53
23	52	48	48	78	53
24	52		49	84	64
25	54	36	50	89	47

(1) ドットプロット

　目盛のある数直線上に，1個ずつのデータの値の位置に点を打つ。同じ値のときは上に積上げる。それほど多くないデータの場合はドットプロットを描くことでデータ全体の集団の様子が大雑把にわかる。次の図1.29は表1.6のデータの数学と国語の点のドットプロットである。

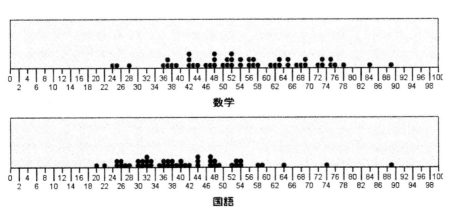

図1.29　テストの点のドットプロット

(2) 度数分布表とヒストグラム

　一定の階級幅の大きさを決め，階級を作ってデータの数を数えて度数分布表を作成する。度数分布表を基にヒストグラムを作成し，データの分布を把握する。階級幅の大きさや階級のとり方によって度数分布表とヒストグラムは変わる。下記の度数分布とヒストグラム作成ヒントを参考にすると良い。絶対的なヒストグラムが存在するわけではなく，幾つかの度数分布表とヒストグラムを作成し，最終的には分布として解釈しやすいグラフを用いる。

表1.7　度数分布表

数学の点	度数	相対度数(%)	国語の点	度数	相対度数(%)
0-9点	0	0.0%	0-9点	0	0.0%
10-19点	0	0.0%	10-19点	0	0.0%
20-29点	3	6.0%	20-29点	8	16.7%
30-39点	5	10.0%	30-39点	17	35.4%
40-49点	10	20.0%	40-49点	13	27.1%
50-59点	13	26.0%	50-59点	7	14.6%
60-69点	10	20.0%	60-69点	1	2.1%
70-79点	7	14.0%	70-79点	1	2.1%
80-89点	2	4.0%	80-89点	1	2.1%
90-100点	0	0.0%	90-100点	0	0.0%
合計	50	100.0%	合計	48	100.0%

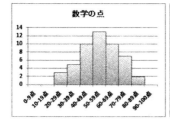
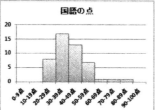
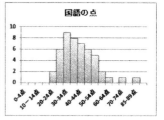

図1.30　ヒストグラム

▶▶▶度数分布表とヒストグラム作成のヒント
★　階級数が少ない(階級幅が広い)と分布の特徴をつかみにくい。
★　階級数が多すぎる(階級幅が狭い)と分布の特徴をつかみにくい。
★　階級幅をそろえるのが基本

ということに注意しましょう［上田尚一,「情報を読むための統計手法」,日本統計協会・統計より］。

　作成については，一つの基準として，次のような手順を参考にすると良いでしょう。
　① データの最小値，最大値を求める。

② 度数分布表の最大値と最小値を①で求めた2つの値を含むように決める。テストの点等は，100点満点であれば，最初から関係なく0点と100点としてもよい。
③ 度数分布表の全階級が5から20位に分けられるよう②で決定した最大値と最小値を用いて各階級幅を決める。あまり細かく分けても，おおざっぱに分けても全体を捉えにくい。
④ それぞれの階級ごとの度数を集計して度数分布表を作成する。
⑤ 度数分布表をもとにヒストグラムを描く。

参考）スタージスの公式　階級数　$m = \dfrac{\log_{10} n}{\log_{10} 2} = 1 + 3.32 \log_{10} n$

（n：データ数）

> (!) 参考　ヒストグラムの形状
>
> 分布の形は，主として次の4つのタイプに分類できる。
>
> ・分布1：左右対称の山形の分布　身長のように人間の体の特性を測ったデータを集めると，ほぼこの形になるものが多いでしょう。その他，自然界のあるものを測定すると最も多く得られる分布の形である。たとえば，ある魚の体長を測って得られる分布がこの形にならないと，生態系が崩れている可能性が考えられる。

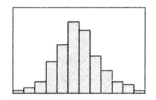

> ・分布2：左に歪んだ分布　左側に裾を引いている分布である。1限の授業のある少数の大学生は早く大学に来るが，開始時間に近いほど多くの学生が到着する。何人かの学生は授業が始まった後にも到着するであろう。到着時間を測ったデータを集めるとおそらくこの形の分布に近くなるであろう。

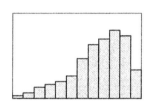

> ・分布3：右に歪んだ分布　右に裾を引いている分布である。日本の各所帯の収入や貯蓄高，上場企業の資本金などのデータを集めるとこの形の分布が得られる。また，犬や猫の寿命のデータもおそらくこの形に近くなるであろう。

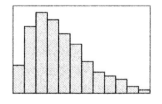

> ・分布4：2峰性の分布　ある大学の1年生の学生の身長のデータを集めるとおそらくこの形の分布になるであろう。男女が混在していることに起因して2つの山が表れている。

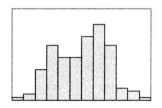

【例1.6】
　次のグラフは，2008年1月番付表の幕内と十両力士（合計70人）の体重と初土俵からの勝率についてのヒストグラムである。体重の分布はおおよそ分布1の形をしているが，勝率の分布は分布3の形をしている。

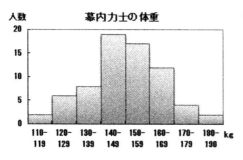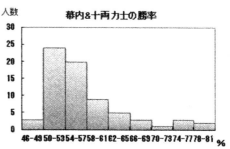

図1.31

[出典：日本相撲協会公式Webサイト（2008年1月）]

演習1.3

　身長のデータについて，最初の値，階級幅を変えて，3種類の度数分布表とヒストグラムを作成する。Excelでは，ピボットテーブルを利用して階級ごとの度数をカウントする。

操作方法

■ Excel　ピボットテーブルの利用

① データのリスト内をクリックし，[挿入]タブの[ピボットテーブル]を選択し，新規ワークシートにピボットテーブルを表示する。
② ピボットテーブルウィザードで[行]に身長，[値]に身長を入れ，[合計]をクリックして[値フィールドの設定]を選択し，[データの個数]に変更して[OK]をクリックする。
③ 表の身長にカーソルをあて右クリックし，[グループ化]を選択。グループ化のウィンドウで，先頭の値（最小値を含む），末尾の値（最大値を含む），単位（階級幅）を設定して[OK]をクリックする。（図1.32）
④ ピボットテーブル表を基に度数分布表を作成する。ただし，途中の階級の度数が0となった場合の階級を挿入する（度数0）。（図1.33）

> **! 参考**
> ピボットテーブルで度数 0 の階級を挿入するには,ピボットテーブルの階級値にカーソルをあて,右ボタンで表示される[フィールドの設定]で,[レイアウトと印刷]を選択し,[データのないアイテムを表示する]にチェックを入れる。

⑤ 度数分布表を基にヒストグラムを作成する。(図1.34)

ただし,Excel のヒストグラムは棒グラフを次の操作でヒストグラムに変更する。棒を選択し,グラフツールの[書式]-[現在の選択範囲]-[選択対象の書式設定]で,[系列オプション]の要素の間隔をなしにする。

⑥ 先頭の値や単位を変え,他の2つのヒストグラムを作成し,比較する。

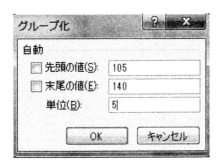

小学2年生の身長	度数	相対度数	累積の%
105-110	1	1.1%	1.1%
110-115	4	4.4%	5.6%
115-120	23	25.6%	31.1%
120-125	39	43.3%	74.4%
125-130	16	17.8%	92.2%
130-135	6	6.7%	98.9%
135-140	1	1.1%	100.0%
総計	90	100.0%	

図1.32　　　　　　　　図1.33

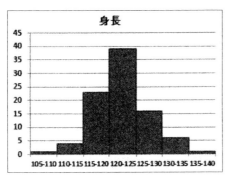

図1.34

(3) データの代表値

データを代表する値として,平均値,中央値(メジアン),最頻値(モード)の3種類がある。分布の形状を見て適切な代表値を選ぶ必要がある。

ヒストグラムや後述の箱ひげ図などと同時に代表値を求めると,より詳細な情報が得られ,データの特徴を捉えることができる。

平均値(算術平均)

最も良く使われる代表値は,算術平均といわれる平均値である。全ての値を合計し,全体

の個数で割ったものであり，n 個のデータを $X_1, X_2, \cdots, X_n$ とすると，次式で表される。

平均値　$m = (X_1 + X_2 + \cdots + X_n)/n$

　テストの点の平均は，数学が 55 点，国語が 41 点となる。分布（図 1.30 のヒストグラム）と平均点を合わせてみると，数学は，平均点をピークとし左右にデータが分布し，平均から離れるほど少ないことがわかる。一方，国語は平均点よりも低いデータの方が高いデータより多く，全体として低い方に偏っていることがわかる。

　数量データで代表値として意味のある平均値は，質的データの場合には意味がない。順序のある質的データで平均値を求めている場合がよくあるが，あくまでも目安としての値であることに注意する必要がある。例えば回答値が 1, 2, 3, 4, 5 のカテゴリデータの場合，平均が 3.2 といった値になったとしても，そもそもそういった値は存在しないのである。

中央値（メジアン）

　数量データの場合に，平均値が代表値としてふさわしくない場合がある。図 1.35 のヒストグラムはある会社の社員全体の給料をグラフにしたものである。人数にして圧倒的に多い平社員の給料は低く，社長等役職者の人数は少なく給料は高い場合の分布を想定している。このような分布の場合には，平均を求めると，平均より低い社員の数の方が圧倒的に多くなる。この例では，平均が 29 万 3 千円で，7 割以上の社員の給料が平均以下となっている。平均がデータの代表値と考えると，約半分の人が平均以上と思うのが自然であろう。平均値が代表値としてふさわしくない場合の例である。

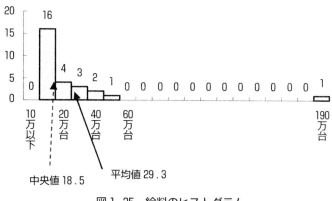

図 1.35　給料のヒストグラム

　サラリーマンの給料，国民所得，貯蓄額などのデータはこのような分布の形になる。分布の形が左右どちらかに偏っている場合には，中央値（メジアン）や次に説明する最頻値（モード）が適している。

　中央値は，データを大きさの順に並べた場合のちょうど真ん中となる値である。データの個数が偶数の場合には，真ん中 2 つの値の平均の値を中央値とする。

表1.6のテストの点の例では，数学の中央値は54点，国語の中央値は38.5点となる。数学の場合には，左右にデータが分布しているので平均値と中央値は近い値を取っている。一方，国語の場合は，70点代と80点代の2つのデータの影響で平均値が少し大きい代表値となっている。給料の例では，中央値は18万5千円となり，平均値よりかなり低い。

分布が，左右対称の場合には平均値と中央値は近い値となり，左に分布が偏っている場合には，中央値は平均値より小さい値となる。逆に，右に分布が偏っている場合には，中央値は平均値より大きい値となる。

最頻値（モード）

最頻値は，度数の最も多い値をいう。少し前に，女性の結婚年齢は24歳が最も多いといわれている時代があった。これは女性の結婚年齢のモードが24であることを意味している。ただし，最頻値は質的データで主として使用され，数量データの場合は，階級の取り方により値が変化するため，あまり使用されない。

ヒストグラムが，真ん中が一番高く，離れるほど低く，かつ左右対称の形に近い場合には，平均値，中央値，最頻値の3つの代表値は全部近い値となる。分布の形が偏っている場合には，3つの値はそれぞれ違ってくる。

【例1.7】

1所帯あたりの所得（平成18年）の分布（相対度数分布）は右に大きく歪んでいる。平均所得金額563万8千円は，中央値458万円に対して100万円以上多い額となっている。平均所得より低い所帯の割合が多いことを表している。ヒストグラムにもその特徴が見られる。平均は中心の値とは言えなくなる。

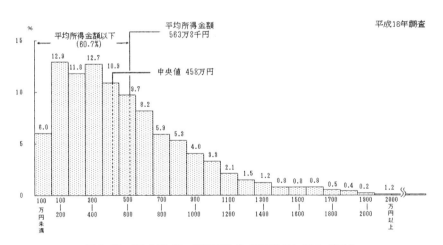

図1.36 平成18年・所帯当たりの所得のヒストグラム

［出典：厚生労働省Webサイト：「平成18年度国民生活基礎調査の概要」］

（4） データのばらつき

次の3つのグラフは10個のデータのヒストグラムである（わかりやすくするために数の少ないデータで考えているが，通常はもっと多くのデータを扱うことになる）。いずれも平均値が3で，中央値も3で同じである。すなわち，3つの分布はそれぞれ異なるが代表値は同じである。代表値だけでデータの分布の特徴を捉えることは十分でない，ことを示している。代表値の周りにどのようにデータが広がっているのか，データのばらつきの程度を測った値も合わせて捉える必要がある。

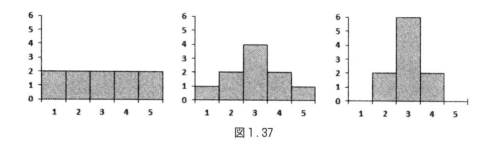

図1.37

データのばらつきの程度を表す統計量として，範囲，四分範囲，分散，標準偏差がある。表1.8はAさんとBさんの10回のテストの点の結果である。2人とも平均点が75点である。代表値とばらつきの程度を表す統計量をExcel（分析ツール－基本統計量）で求めると表1.9のようになる。

表1.8　テストの点

	Aさん	Bさん
1	70	95
2	75	60
3	78	50
4	72	70
5	80	100
6	78	85
7	70	40
8	77	70
9	75	100
10	75	80
平均点	75	75

表1.9　基本統計量

	Aさん	Bさん
平均値	75	75
中央値（メジアン）	75	75
最頻値（モード）	75	70
標準偏差	3.43	21
分散	11.8	433
尖度	−1	−1
歪度	−0.3	−0
範囲	10	60
最小	70	40
最大	80	100
標本数	10	10

範囲

最大値と最小値の差。最も簡単な広がりを表す統計量である。全てのデータが最大値と最小値の間に含まれるので，データのばらつきを表す指標となっている。Aさんの範囲は10，Bさんの範囲は60である。Bさんの方が広い範囲にデータが散らばっていることがわかる。しかし，範囲は特に良いばらつきの指標であるとはいえない。なぜならば，データの

最大値と最小値しかみていないため，その間にある値がどのように分布しているかがまったく考慮されていないからである。

四分位範囲

データを大きさの順に同じ数の4グループに分けた場合の，第1グループと第2グループの間の値(Q1)と第3グループと第4グループの間の値(Q3)の差 Q3 − Q1 である。中央値を含め真ん中の50%のデータが含まれる範囲となる。言いかえると，小さな25%の値と，大きな25%の値を除いたデータの範囲である。

分散

データの一つ一つが平均からどれくらい離れているかを計算し，最終的に全体としてどのくらい離れているかを数値にまとめたものが分散である。

Aさんのデータから分散は次のようにして求める。表1.10は①〜③の結果を表にまとめたものである。

① それぞれの点について平均との差(平均からの偏差)を求める。 ← 平均からどのくらい離れているか？

② それぞれの差を二乗して合計する。

表1.10

	Aさんの点	平均偏差	平均偏差の二乗
1	70	5	25
2	75	0	0
3	78	−3	9
4	72	3	9
5	80	−5	25
6	78	−3	9
7	70	5	25
8	77	−2	4
9	75	0	0
10	75	0	0
合計	750	0	106
平均	75	0	10.6

← それぞれの差をまとめるために，そのまま合計したのでは，プラスとマイナスで消えて0になってしまう。二乗してから合計する。

③ 二乗の合計値を(データの個数)で割る。この値を分散といい，データの平均的な散らばりを表す。

Bさんについても同様に計算して分散を求めると354.5となる。Bさんの方が散らばりが大きい。Excelでは，③の計算において，(データの個数−1)で割っている(詳細な説明は省略する)。

データ $X_1, X_2, X_3, \cdots, X_n$，平均値 m，分散 V_X とすると，分散 V_X は次の式で定義される。

$$V_X = \frac{(X_1-m)^2+(X_2-m)^2+\cdots+(X_n-m)^2}{n}$$

標準偏差

分散は平均値との差を二乗してから求める値なので，もとのデータの単位とは一致しない。もとのデータと単位をそろえるために，分散の平方根($\sqrt{}$)を求める。

求めた値を**標準偏差**という。

例では，Aさんと Bさんの標準偏差は 3.3 点と 19.8 点となる。BさんはAさんより約 6 倍も平均からばらついた点を取っていることになる。

平均値の周囲にデータがどの位広がっているかを平均との差で測った値。データ $X_1, X_2, X_3, \cdots, X_n$，平均値 m，標準偏差 S_X とすると，S_X は次の式で定義される。

$$S_X = \sqrt{\frac{(X_1-m)^2+(X_2-m)^2+\cdots+(X_n-m)^2}{n}}$$

(5) 箱ひげ図

さまざまな統計量を用いて描く箱ひげ図という視覚的にデータの特徴を捉えることのできる便利な分布のグラフがある。箱ひげ図は，第1四分位点(25 パーセンタイル)の値 Q1 と第3四分位点(75 パーセンタイル)の値 Q3 の間に箱を描く。箱の中にはデータの真中の 50% が含まれる。箱の中には，中央値(第2四分位点または 50 パーセンタイルの値 Q2)を表す線を入れる。次に，データの中に極端に大きな値や小さな値がないかを調べる。Q3－Q1 を Q とすると，Q3+1.5*Q より大きい値を極端に大きな値，Q1－1.5*Q より小さい値を極端に小さい値とし，**外れ値**として扱う。外れ値については，記号を用いてデータの位置を示す。さらに，箱の外側とはずれ値を除いた最大値との間と，箱の外側とはずれ値を除いた最小値との間に線を引く。これで箱ひげ図は完成する。

箱ひげ図は，代表値とばらつきの両方を表し，さらにはずれ値のチェックもできる。図 1.38 は，表 1.6 の数学の点の箱ひげ図である。また，図 1.39 は数学と国語の箱ひげ図を並べたものである。国語の方に 2 つのはずれ値が上のほうにある。2 人ほど他の人からかけ離れて高い点を取った人がいることがわかる。2 つの箱ひげ図を比較し，2 教科の分布の違いがはっきりとわかる。

このように複数の箱ひげ図を並べると，代表値と散らばりの程度を比較できる。

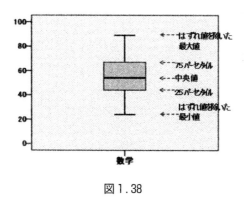

図 1.38

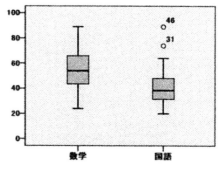

図 1.39

演習 1.4

2008年1月場所の幕内力士データ*を用い，ワークシート上に初土俵からの年数のドットプロット，0本から階級幅3の度数分布表とヒストグラムを作成する。さらに各種統計量を求め，箱ひげ図を作成する。

＊日本相撲協会公式サイト　http://www.sumo.or.jp/

操作方法

■Excel （ドットプロットと箱ひげ図は除く）

1．【演習1.3】の操作を参照し，度数分布表とヒストグラムを作成する。
（図1.40, 1.41）

初土俵からの年数	度数	相対度数(%)	累積相対度数(%)
1-3	5	11.9%	11.9%
4-6	7	16.7%	28.6%
7-9	9	21.4%	50.0%
10-12	14	33.3%	83.3%
13-15	5	11.9%	95.2%
16-18	1	2.4%	97.6%
19-22	1	2.4%	100.0%
総計	42	100.0%	

図1.40

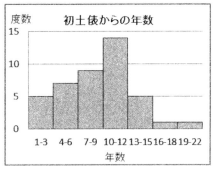

図1.41

2．統計量を求める。

① ［データ］タブ - ［分析ツール］ - ［基本統計量］を選択する。
② ［基本統計量］のウィンドウで，入力範囲に初土俵からの年数のデータ範囲を入力（ラベルを含める）し，先頭行をラベルとして使用と統計情報にチェックを入れ［OK］をクリックする。（図1.42）
③ 結果が出力される。（図1.43）

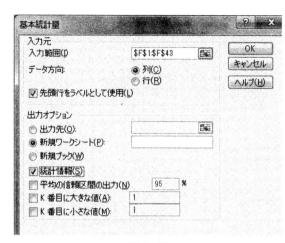

初土俵からの年数	
平均	9.0
標準誤差	0.7
中央値（メジアン）	9.5
最頻値（モード）	12
標準偏差	4.3
分散	18.4
尖度	1.0
歪度	0.4
範囲	21
最小	1
最大	22
合計	380
標本数	42

図1.42　　　　　　　　　　　図1.43

■ SPSS

1．ドットプロットを作成する。

① ［グラフ］−［レガシーダイアログ］−［散布図］を選択する。
② ［シンプルドット］を選択し，［定義］ボタンをクリックする。
③ 変数・初土俵からの年数を選択してX軸変数に入れ，［OK］ボタンをクリックする。
④ グラフをダブルクリックし図表エディタを表示する。
⑤ 点をダブルクリックしプロパティを表示する。
⑥ プロパティ画面で，ビンを選択し，X軸のユーザー指定，間隔の幅をチェックし，間隔の幅を1とし，［適用］をクリックする。
⑦ X軸をダブルクリックしプロパティを表示する。
⑧ プロパティ画面で，スケールを選択し，最小値0,大分割の増分を1とし，［適用］ボタンをクリックする。
⑨ 図1.44のドットプロットが出力される。

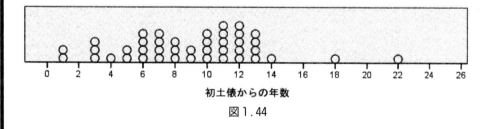

図1.44

2．度数分布表,ヒストグラム,箱ひげ図を作成する。

① ［分析］−［記述統計］−［探索的］を選び,［統計量］ボタンで記述統計とパーセンタイルをチェックし（図1.45）,［続行］とする。［作図］ボタンで箱ひげ図の従属変数ごとの因子レベルと記述統計のヒストグラムをチェックし,［続行］とする。

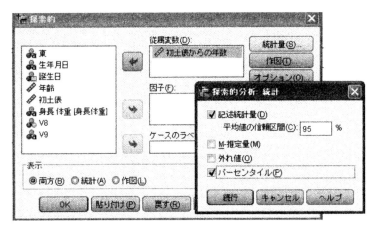

図 1.45

記述統計表,パーセンタイル,ヒストグラム,箱ひげ図が出力される。(図1.46〜1.49)
② ヒストグラムを編集する。
　・ヒストグラムをダブルクリックし,図表エディタを表示する。
　・図表エディタで棒をダブルクリックし,プロパティを表示する。
　・プロパティ画面で,ビンを選択し,X軸のユーザー指定,間隔の幅をチェックし,間隔の幅に,例えば4を入力し,[適用]をクリックする。(図1.50)
　・図1.51のヒストグラムが出力される。

記述統計

			統計量	標準誤差
初土俵からの年数	平均値		9.05	.663
	平均値の 95% 信頼区間	下限	7.71	
		上限	10.39	
	5%トリム平均		8.90	
	中央値		9.50	
	分散		18.437	
	標準偏差		4.294	
	最小値		1	
	最大値		22	
	範囲		21	
	4分位範囲		6	
	歪度		.424	.365
	尖度		.971	.717

図 1.46

		パーセンタイル						
		5	10	25	50	75	90	95
重み付き平均(定義 1)	初土俵からの年数	1.30	3.00	6.00	9.50	12.00	13.00	17.40
Tukey のヒンジ	初土俵からの年数			6.00	9.50	12.00		

図1.47

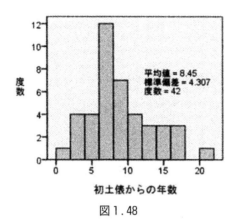

図1.48

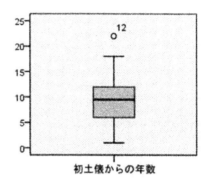

図1.49

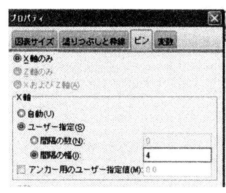

図1.50

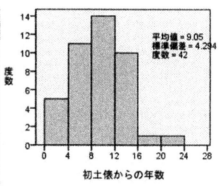

図1.51

③ 箱ひげ図を編集する。

縦型の箱ひげ図のままでも良いが,横型に編集してみる(縦型のヒストグラムと比較しやすい)。

- 箱ひげ図をダブルクリックする。
- 図表エディタのオプションで[図表の置き換え]を選択し,エディタを閉じる。
- 図1.52の箱ひげ図が出力される。

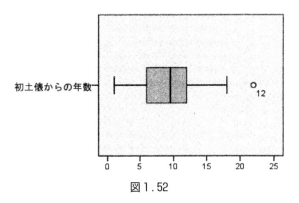

図1.52

課題1.4

GSSのデータを用い，1週間の労働時間（HRS1）をまとめ，その特徴を述べよ。

課題1.5

プロ野球2013のデータ用い，セリーグとパリークそれぞれについて，本塁打と盗塁をまとめよ。それぞれのリーグの本塁打と盗塁の特徴を述べよ。

1.3 2変数のクロス集計表

2種類の質的データの関係について,**クロス集計表**を作成して調べる。量的データの場合にも,階級に区切った度数を用いてクロス集計表を作ることができる。

表2.1は,ワインの趣向について調査し,性別(1.男, 2.女)と好きなワイン(1.ワイン1, 2.ワイン2)についてのデータをまとめた架空のデータである。表2.2は,データについて,横に性別,縦に好きなワインのカテゴリを並べ,クロスしたセルにそれぞれのカテゴリが一致した場合の度数を集計した表である。**クロス集計表**と呼ばれる。クロス集計表には,度数の他に,男女別にどのくらいの違いがあるかを比較するために,縦方向すなわち男女それぞれを100%とした好きなワインの相対度数の百分率(**列パーセント**と呼ぶ)を計算して表示する。表2.2から,男性は約7割の人がワイン1を好み,女性は7割の人がワイン2を好むことが読み取れる。さらに,表の結果から図2.1のような2つの帯グラフを作成すると,男女の違いを視覚的に捉えることができる。ここで用いた標本データからは,「男女で好きなワインは違う」と言えそうである。

表1.11 男女別ワインの好みの調査結果(架空のデータ)

性別	ワイン
2	2
2	2
1	1
1	1
1	2
1	2
2	1
1	2
1	1
2	2
2	2
2	1
1	2
1	1
2	2
2	1
1	1
2	2
2	2
2	2
2	2
1	1
1	1
2	2

表1.12 クロス集計表

			性別		
			男	女	合計
好きなワイン	ワイン1	度数	8	4	12
		性別 の %	72.7%	26.7%	46.2%
	ワイン2	度数	3	11	14
		性別 の %	27.3%	73.3%	53.8%
合計		度数	11	15	26
		性別 の %	100.0%	100.0%	100.0%

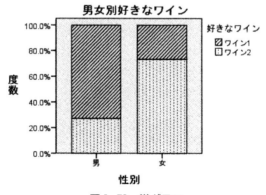

図1.53 帯グラフ

各セルの百分率は,列パーセント以外に,横方向にそれぞれの行を100%とした百分率の**行パーセント**や,全度数を100%とした百分率の**全体のパーセント**がある。目的に応じてどれを計算して表に表示するかを決める。

演習 1.5

表 1.11 の男女別ワインの好みのデータを用いてクロス集計表と帯グラフを作成する。

操作方法

■ Excel

1. 性別とワインの好みのクロス集計表を作成する。
① ピボットテーブルを使ってクロス集計表を作成する。(図 1.54)
② ラベルを入力したクロス集計表に観測度数をコピーする。(表 1.13)
③ 同じ形式のクロス集計表を作成し,列パーセントを求める。(表 1.14)

データの個数 / 性別	列ラベル		
行ラベル	1	2	総計
1	8	4	12
2	3	11	14
総計	11	15	26

図 1.54

表 1.13

観測度数	性別		
好きなワイン	男	女	合計
1	8	4	12
2	3	11	14
合計	11	15	26

表 1.14

列パーセント	性別		
好きなワイン	男	女	総計
ワイン 1	73%	27%	46%
ワイン 2	27%	73%	54%
合計	100%	100%	100%

④ グラフを作成する

男女の列パーセントを選択し,100%積み上げ縦棒を用いて帯グラフを作成する。
(図 1.55)

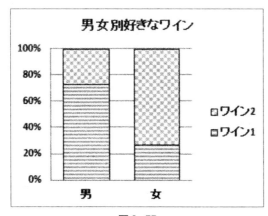

図 1.55

■ SPSS
1. 性別とワインの好みのクロス集計表, 列パーセント, 帯グラフを出力する。
① [分析]-[記述統計]-[クロス集計表]を選び, 変数・性別を行に, 変数・ワインの好みを列に入れる。また, クラスター棒グラフの表示と, [セル]ボタンの行のパーセントにチェックを入れ, [OK]ボタンをクリックする。
② 出力結果（表1.15, 図1.56）。

表1.15 性別と好きなワインのクロス表

			好きなワイン		
			ワイン1	ワイン2	合計
性別	男	度数	8	3	11
		性別 の %	72.7%	27.3%	100.0%
	女	度数	4	11	15
		性別 の %	26.7%	73.3%	100.0%
合計		度数	12	14	26
		性別 の %	46.2%	53.8%	100.0%

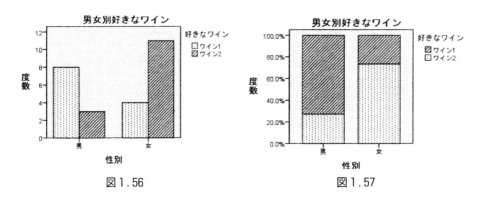

図1.56　　　　　　　　図1.57

③ グラフの変更

- グラフをダブルクリックして図表エディタを開く。
- 棒をダブルクリックしてプロパティのウィンドウを開く。
- [変数]をクリックし，ワインを X クラスターから積み上げに変更する。
- メーニューのオプションで[100%で尺度を設定]を選択する。（図1.57）
- 図表エディタを閉じる。

第2章

統計的推測と仮説検定

Data Analysis based ICT for All Students of the Faculty of Economics or Business

2.1 母集団と標本

　ある事象が成立するかどうかを統計的に確かめる場合に，対象となる人や物等の全体（母集団という）を調査することはなく，そこから抽出した**標本**を用いて調べる。たとえば，選挙結果を予測する場合には，母集団は有権者全員である。有権者全員を対象として調査するには，時間や金が非常にかかり，現実的に不可能である。そこで，できるだけ良い標本を得て調査し，得られた結果を母集団の結果として適用する。このことを，"標本から母集団を推測する"という。ここでいう良い標本とは，無作為に選んだ偏りのない標本をいう。意図的に選んだ標本から母集団を推測しても，良い結果は得られない。

　図2.1は，無作為に抽出した1,000人の高校1年生の平均身長から全国の高校1年生の平均身長を推定する場合について表したものである。

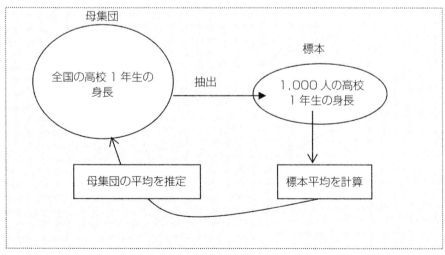

図2.1

2.2 カイ二乗検定

1.3節の「男女別ワインの好み」について分析した結果は,対象とする母集団からたった1回の調査で得られた1組の標本データをまとめたものである。母集団はもっとおおぜいの人が対象であり,同じ大きさの標本は無限に近いほど何通りも選ばれる可能性がある。したがって,1.3の結果が母集団にまで一般化できるのか,すなわち,母集団に関してどのような推測ができるかを考えなければならない。そのために,まず母集団に関する仮説「性別とワインの趣向は関係がある」について標本データの結果から仮説の成立を調べる。実際には,カイ二乗検定という仮説検定の手法を用いて仮説の成立を調べる。以下に,カイ二乗検定の手順を説明する。

(1) 帰無仮説の設定

最初に,仮説「性別とワインの趣向は関係がある」の逆の仮説を設定する。逆の仮説を**帰無仮説**(記号 H_0 で表す)という。また,帰無仮説の反対の仮説を**対立仮説**(記号 H_1 で表す)という。すなわち,

　　帰無仮説 H_0:「性別とワインの趣向は独立である」
　　対立仮説 H_1:「性別とワインの趣向は関係がある」

を設定することとなる。対立仮説は,最初に設定した母集団に対する仮説と一致する。

(2) カイ二乗値の計算

帰無仮説が成立するものとして,期待度数と観測度数のずれを表すカイ二乗値を計算する。帰無仮説が成立する場合は,母集団から抽出した標本データにおいても2つのデータは独立となる可能性が高い。すなわち,男性も女性も同じ割合でワイン1とワイン2を好んでいるはずである。"同じ割合である"ということを,"男女に分けない全員のワイン1とワイン2の割合が

表2.1　クロス表に期待度数と列%を表示

			性別		合計
			1	2	
好きな ワイン	1	度数	8	4	12
		期待度数	5.1	6.9	12.0
		性別の %	72.7%	26.7%	46.2%
	2	度数	3	11	14
		期待度数	5.9	8.1	14.0
		性別の %	27.3%	73.3%	53.8%
合計		度数	11	15	26
		期待度数	11.0	15.0	26.0
		性別の %	100.0%	100.0%	100.0%

男性にも女性にも偏りがなくあてはまる"と考える。表2.1(性別　1:男,2:女)より,ワイン1の好きな人は全体で46.2%,ワイン2の好きな人は全体で53.8%である。この割合を男性と女性に当てはめると,男性は5.1人がワイン1,5.9人がワイン2を,女性は6.9人がワイン1,8.1人がワイン2を好んでいることになる。この数字は,同じ割合であるとして期待される度数なので期待度数と呼ぶ。一方,データから実際に得られた度数を**観測度数**と呼ぶ。

各セルの期待度数と観測度数とのずれ(観測度数−期待度数)がどの程度であるか,その大きさを次式で表す。

$$\frac{(観測度数 - 期待度数)^2}{期待度数}$$

全セルについて,このずれの程度を表す値を合計したものが全体のずれを表すカイ二乗値という統計量である。例のカイ二乗値は5.418となる。

(3) カイ二乗値とカイ二乗分布の関係

カイ二乗値は,帰無仮説が成立し2つのデータが独立ならば,そこから得られる標本のカイ二乗値は,標本によって変動があるものの,小さな値をとる確率が高い。また,2種類の度数のずれが大きくなるにつれてカイ二乗値は大きくなる。すなわち,カイ二乗値が大きいということは,独立であるとする母集団とそこから得られた標本との違いが大きいことを意味している。

帰無仮説が正しい場合には,同じ大きさのたくさんの標本のそれぞれのカイ二乗値を計算して集めてヒストグラムを描くと,カイ二乗分布の確率分布に近い分布になることがわかっている。カイ二乗分布は自由度により変わる(2.5節参照)。この例での自由度は,2種類のデータのカテゴリ数をRとCとすると,(R-1)*(C-1)の1となる。したがって,求めたカイ二乗値は,**自由度1のカイ二乗分布の1つの値**となる。確率分布の詳細については次章で述べるが,曲線とX軸との間の面積が確率を表す。

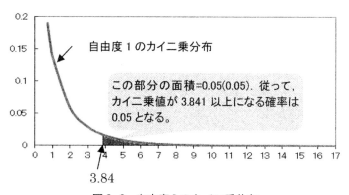

図2.2 自由度1のカイ二乗分布

帰無仮説の下で得られたカイ二乗値がめったに得られない大きな値になった場合に,
① 帰無仮説は正しいが,偶然,めったに得られないような標本が得られ,カイ二乗値が大きくなった
② 独立であると仮定した帰無仮説が誤っていたために,カイ二乗値が大きくなった
とする2つの考えがある。ここでは,②と考える方が自然であるとする。

(4) 有意水準

例では,求めたカイ二乗値は3.841より大きい5.418となり,5.418の値をとる確率は0.05

より小さくなる。したがって,カイ二乗値はめったに得られない大きな値であるので母集団に対する帰無仮説は誤りであるとして棄却でき,対立仮説が正しいと判断できる。めったに起こらないか,そうでないかを決める判断基準を有意水準といい,ここでは,有意水準5％で帰無仮説を棄却したことになる。有意水準は個々の判断で設定するものであり,5％の他に1％や10％が良く用いられる。有意水準5％よりも,有意水準1％の方がより厳しい判断となり,有意水準10％の方がより緩やかな判断となる。有意水準を幾つにするかは,あらかじめ決めておくことが重要である。

(5) 結論

最終的に,母集団について,

　　　仮説:「性別とワインの趣向は関係がある」

が成立することが標本より支持されたことになる。

なお,有意水準は,前述の①の場合の可能性を捨てる確率でもあり,そのときは帰無仮説が正しいにもかかわらず棄却したことになるので,**危険率**とも呼ばれる。

以上のような2種類の質的データの独立性を調べる方法を,**カイ二乗検定**という。

2種類の質的データの関係を調べる　〜 カイ二乗検定の手順のまとめ 〜

① 母集団の仮説:「2種類のデータは関係がある」を設定する。
② 母集団の帰無仮説:「2種類のデータは独立である」を設定する。
③ 有意水準を決める。たとえば5％とする。
④ 標本データからカイ二乗値を求める。
⑤ 自由度(R-1)*(C-1)のカイ二乗分布において,求めたカイ二乗値が得られる確率が設定した確率より小さい確率であるかを調べる。
⑥ 確率が0.05以下となる場合には,有意水準5％で帰無仮説を棄却し,仮説が成立すると判断できる。そうでない場合は,帰無仮説は棄却できない。

演習2.1 ｜ GSS調査データを用いて

仮説1：人種(変数RACE)と学歴(変数DEGREE)は関係がある
仮説2：性別(変数SEX)と学歴(変数DEGREE)は関係がある
の成立を調べる。

操作方法

■ Excel

1．人種と学歴のクロス集計表を作成する

① ピボットテーブルを使ってクロス集計表を作成する（図2.3）。

② ラベルを入力したクロス集計表に観測度数をコピーする（図2.3）。

	A	B	C	D	E	F	G	H	I
1	DEGREE	SEX	RACE		データの個数:RACE	RACE			
2	1	1	1		DEGREE	1	2	3	総計
3	2	2	1		0	19	12	6	37
4	1	1	1		1	76	16	3	95
5	1	1	1		2	8	2		10
6	3	2	1		3	34	3	3	40
7	3	1	1		4	16	2		18
8	1	1	1		総計	153	35	12	200
9	1	1	1						
10	3	2	1		観測度数	WHITE	BLACK	OTHER	合計
11	2	1	1		LT HIGH SCHOOL	19	12	6	37
12	1	1	1		HIGH SCHOOL	76	16	3	95
13	1	2	2		JUNIOR COLLEGE	8	2		10
14	1	2	1		BACHELOR	34	3	3	40
15	3	1	1		GRADUATE	16	2		18
16	1	2	1		合計	153	35	12	200

図2.3

2．人種と学歴のカイ二乗検定を行う

① 同じ形式のクロス集計表を作成し，列パーセントを求める（図2.4）。

② 同じ形式のクロス集計表を作成し，期待度数を求める（図2.4）。

F19の列パーセントの数式を絶対番地を使用して入力すると，すべての列パーセントに複写することができる。(F19=F11/F$16)

	A	B	C	D	E	F	G	H	I
17	3	1	3						
18	0	2	3		列パーセント	WHITE	BLACK	OTHER	合計
19	0	2	3		LT HIGH SCHOOL	12%	34%	50%	19%
20	0	1	3		HIGH SCHOOL	50%	46%	25%	48%
21	3	1	1		JUNIOR COLLEGE	5%	6%	0%	5%
22	3	1	1		BACHELOR	22%	9%	25%	20%
23	1	1	1		GRADUATE	10%	6%	0%	9%
24	3	1	1		合計	100%	100%	100%	100%
25	1	4	1						
26	3	2	1		期待度数	WHITE	BLACK	OTHER	合計
27	3	1	1		LT HIGH SCHOOL	28.3	6.5	2.2	37
28	1	2	1		HIGH SCHOOL	72.7	16.6	5.7	95
29	1	2	1		JUNIOR COLLEGE	7.7	1.8	0.6	10
30	1	2	1		BACHELOR	30.6	7.0	2.4	40
31	1	2	1		GRADUATE	13.8	3.2	1.1	18
32	3	1	1		合計	153	35	12	200

F27の期待度数の数式を絶対番地を使用して入力すると，すべての期待度数に複写することができる。(F27=F$16*$I19)

図2.4

③ カイ二乗検定値を関数(CHITEST)を使って求める。(図2.5)
④ 有意水準と結果を比較して結論を出す。(図2.6)

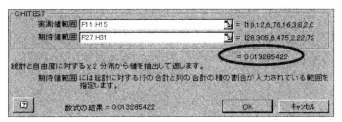

図2.5

> 結果の1.329%は有意水準5%より小さい値である．従って帰無仮説の「人種と学歴は独立である」を棄却し，「人種と学歴は関係がある」と言える．

図2.6

3．性別と学歴のカイ二乗検定を行う

① ピボットテーブルを使ってクロス集計表を作成する。(図2.7)
② 観測度数と期待度数を求める。(図2.8)

	A	B	C	D	E	F	G	H
1	DEGREE	SEX	RACE		データの個数:SEX	SEX		
2	1	1	1		DEGREE	0	2	総計
3	2	2	1			0	13	24	37
4	1	1	1			1	40	55	95
5	1	1	2			2	5	5	10
6	3	2	1			3	22	18	40
7	3	1	1			4	6	12	18
8	1	1	1		総計		86	114	200
9	1	1	1					
10	3	2	1		観測度数	男性	女性	合計
11	2	1	1		LT HIGH SCHOOL	13	24	37
12	1	1	1		HIGH SCHOOL	40	55	95
13	1	2	2		JUNIOR COLLEGE	5	5	10
14	1	2	1		BACHELOR	22	18	40
15	3	1	1		GRADUATE	6	12	18
16	1	2	1		合計	86	114	200

図2.7

				列パーセント	男性	女性	合計
17	3	1	3				
18	0	2	3	LT HIGH SCHOOL	15%	21%	19%
19	0	2	3	HIGH SCHOOL	47%	48%	48%
20	0	1	3	JUNIOR COLLEGE	6%	4%	5%
21	3	1	1	BACHELOR	26%	16%	20%
22	3	1	1	GRADUATE	7%	11%	9%
23	1	1	1	合計	100%	100%	100%
24	3	1	1				
25	4	1	1				
26	3	2	1	期待度数	男性	女性	合計
27	3	1	1	LT HIGH SCHOOL	15.9	21.1	37
28	1	2	1	HIGH SCHOOL	40.9	54.2	95
29	1	2	1	JUNIOR COLLEGE	4.3	5.7	10
30	1	2	1	BACHELOR	17.2	22.8	40
31	1	2	1	GRADUATE	7.7	10.3	18
32	3	1	1	合計	86	114	200

図2.8

③ カイ二乗検定値を関数(CHITEST)を使って求める。(図2.9)
④ 有意水準と結果を比較して結論を出す。(図2.10)

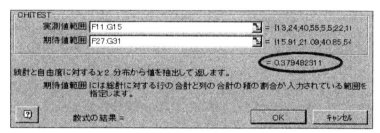

図2.9

結果の37.95%は有意水準5%よりはるかに大きい値である.従って帰無仮説の「性別と学歴は独立である」は棄却できないので「性別と学歴は関係がある」とは言えない.

図2.10

■SPSS

1. 人種と学歴のクロス集計表,帯グラフ,行パーセント,期待度数を出力し,カイ二乗検定を行う。

① [分析]-[記述統計]-[クロス集計表]を選び,変数・人種を行に,変数・学歴を列に入れる。また,クラスター棒グラフの表示と,[統計量]ボタンのカイ二乗,[セル]ボタンの期待度数と行のパーセントにチェックを追加して入れ,[OK]ボタンをクリックする。(図2.11)

第2章 統計的推測と仮説検定

図2.11

② 出力結果(図2.12〜2.14)

人種 と 学歴 のクロス表

			学歴					合計
			中卒以下	高卒	短大卒	大卒	大学院卒	
人種	白人	度数	19	76	8	34	16	153
		期待度数	28.3	72.7	7.6	30.6	13.8	153.0
		人種の %	12.4%	49.7%	5.2%	22.2%	10.5%	100.0%
	黒人	度数	12	16	2	3	2	35
		期待度数	6.5	16.6	1.8	7.0	3.2	35.0
		人種の %	34.3%	45.7%	5.7%	8.6%	5.7%	100.0%
	その他	度数	6	3	0	3	0	12
		期待度数	2.2	5.7	.6	2.4	1.1	12.0
		人種の %	50.0%	25.0%	.0%	25.0%	.0%	100.0%
合計		度数	37	95	10	40	18	200
		期待度数	37.0	95.0	10.0	40.0	18.0	200.0
		人種の %	18.5%	47.5%	5.0%	20.0%	9.0%	100.0%

図2.12

カイ2乗検定

	値	自由度	漸近有意確率(両側)
Pearson のカイ2乗	20.990^a	8	.007
尤度比	20.969	8	.007
線型と線型による連関	8.506	1	.004
有効なケースの数	200		

a. 6セル (40.0%) は期待度数が5未満です。最小期待度数は .60 です。

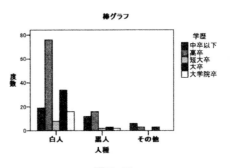

図2.13   図2.14

③ グラフの変更(図2.15〜2.17)
  • グラフをダブルクリックして図表エディタを開く。
  • 棒をダブルクリックしてプロパティのウィンドウを開く。

- [変数]をクリックし,学歴を X クラスターから積み上げに変更する。
- メーニューのオプションで[100%で尺度を設定]を選択する。
- 図表エディタを閉じる。

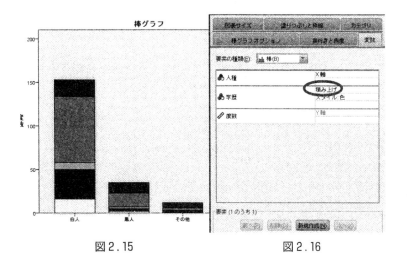

図2.15　　　　　　　図2.16

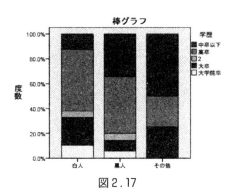

図2.17

④ 結果の解釈

　クロス表と帯グラフから,ここで用いた標本データからは,「人種と学歴は関係がある」が成立しているよう読み取れる。この標本での結果が母集団でも言えるかどうかカイ二乗検定の結果を見る。カイ二乗検定結果の表から,カイ二乗値は20.990で,その有意確率は0.007(つまり0.05以下)である。5%有意水準で判断すると,帰無仮説を前提とした場合に確率的に非常にまれな大きなカイ二乗値が得られたことになる。したがって,5%有意水準で帰無仮説を棄却でき,「**仮説:人種と学歴は関係がある**」が成立すると言える。

　同様に,「性別」と「学歴」の間にも関係があるか,検証する。

2．性別と学歴のクロス集計表,帯グラフ,列パーセント,期待度数を出力し,カイ二乗検定を行う。

① 1で使用したクロス集計表を[ダイアログリコール]ツールボタンをクリックして呼び出す(既に設定した内容がそのまま残っている)。
② 行に入っている変数・人種を[矢印]ボタンをクリックして戻し,変数・性別を行に入れ,[OK]ボタンをクリックする。
③ 出力結果(図2.18〜2.20)

性別 と 学歴 のクロス表

			学歴					合計
			中卒以下	高卒	短大卒	大卒	大学院卒	
性別	男	度数	13	40	5	22	6	86
		期待度数	15.9	40.9	4.3	17.2	7.7	86.0
		性別の%	15.1%	46.5%	5.8%	25.6%	7.0%	100.0%
	女	度数	24	55	5	18	12	114
		期待度数	21.1	54.2	5.7	22.8	10.3	114.0
		性別の%	21.1%	48.2%	4.4%	15.8%	10.5%	100.0%
合計		度数	37	95	10	40	18	200
		期待度数	37.0	95.0	10.0	40.0	18.0	200.0
		性別の%	18.5%	47.5%	5.0%	20.0%	9.0%	100.0%

図2.18

カイ2乗検定

	値	自由度	漸近有意確率(両側)
Pearson のカイ2乗	4.201a	4	.379
尤度比	4.205	4	.379
線型と線型による連関	.831	1	.362
有効なケースの数	200		

a. 1 セル (10.0%) は期待度数が 5 未満です。最小期待度数は 4.30 です。

図2.19

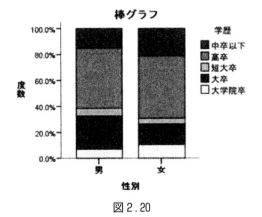

図2.20

④ 結果の解釈

クロス表と帯グラフから，ここで用いた標本データからは，「性別と学歴は独立である」よう読み取れる。この標本での結果が母集団でも言えるかどうかカイ二乗検定の結果を見る。

カイ二乗検定結果の表から，カイ二乗値は 4.201 で，その有意確率は 0.379 である。5％有意水準で判断すると，帰無仮説は棄却できないので，「**仮説：性別と学歴は関係がある**」とは言えない。

課題 2.1　次の仮説が成立するかどうかを調べよ。
(1) 仮説 1：人種と政党支持は関係がある
(2) 仮説 2：性別と政党支持は関係がある

2.3 統計的検定

標本で得た統計結果から母集団のいろいろな事象を推測するとき,標本数が多いほど,標本で得られた結果はより母集団のもつ真の結果に近くなり,推測もより確かなものとなるはずである。しかし,通常は得られている標本数はすでに決まっていたり,これから得ようとする場合でも時間や経費の制限や,また,工場の抜き取り検査のようにそもそも不可能な場合もあり,それほど多くは得られない。そこで,数に限りのある標本から母集団を推測する場合には,その推測がどの位確からしさを持っているのかを同時に調べなければならない。そのためには,帰無仮説を設定してある統計量を計算し,その統計量がめったに得られないような値の範囲に含まれているかを確かめる。統計的に確かめるこの手順を"検定"という。2.2節では,カイ二乗検定についてすでに扱っている。

2.4 正規分布と中心極限定理

2.4.1 正規分布

1.2.3の数量データのまとめ方で使用した数学の点についての階級幅10のヒストグラム(図2.21)は,真ん中を頂点として徐々に少なくなるほぼ左右対称の形をしている。度数分布表から,例えば40点台の人は,全体の20%にあたる10人である。全体を1とした場合の比率は0.2である。

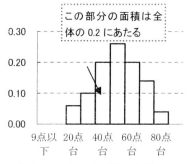

図2.21 ヒストグラムと確率

少し別ないい方をしてみる。ここで使用しているデータはある高校の3年1組のテスト結果であり,同じテストを3年生全体の生徒に実施した場合には,「全体の20%の人が40点台の点をとる可能性がある」,または,「40点台の点をとる確率は0.2である」ということができる。高校生の身長のデータも,たくさん集めてヒストグラムを作成するとこのような形になると考えられる。身長のような数量データを,母集団に対してほとんど全部といってよいほどたくさん集め,階級幅をどんど

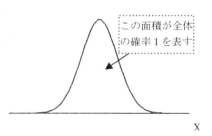

図2.22 確率分布

ん小さく限りなく0に近づけてヒストグラムを作成すると,最後は階級幅のない図2.22のような形に近いものが得られるであろう。このなめらかな釣り鐘型の曲線と身長を表すX軸で囲まれた面積を1とすると,図2.23の$X=a$と$X=b$の間の面積は,高校生が身長aとbの間に属する場合の確率となる。このように分布曲線とX軸の間の全体の面積が1

であり，ある区間の面積が確率を表す分布を確率分布という。

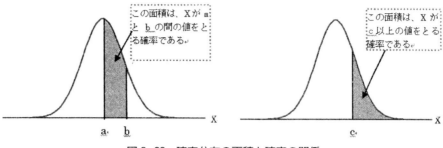

図2.23　確率分布の面積と確率の関係

世の中には，身長，体重，人間の脈拍数，ある虫の体長，1月1日の最高温度‥のようにたくさん集めると，上記のテストの点のような分布が得られるデータが多く存在している。このような釣り鐘型のなめらかな曲線から得られる母集団の確率分布を **正規分布** といい，ベルカーブとも呼ばれる。このなめらかな曲線は次式で与えられる。正規分布は，いろいろな統計理論の基本として使われている。

$$f(\mathrm{x}) = \frac{1}{\sqrt{2\pi\sigma^2}} e^{-\frac{(X-\mu)^2}{2\sigma^2}}, \mu \text{は母集団の平均，} \sigma \text{は母集団の標準偏差。}$$

図2.24は，平均が0で標準偏差が3と5の正規分布の例である。正規分布では，平均がモードであり，左右の確率すなわち度数を同じに分ける中央値でもある。分散が大きいほどデータはばらつき，曲線はより平らな正規分布となる。逆に分散が小さいほど平均のまわりのデータが多くなり，中心でとがった形の正規分布となる。このように，正規分布は平均と標準偏差から形が決まる。よって確率も決まる。

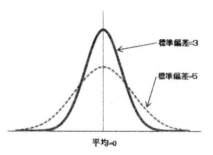

図2.24　正規分布と標準偏差

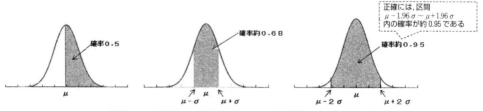

図2.25　平均μ，標準偏差σの正規分布の場合の確率

平均がμで標準偏差がσの正規分布となるデータXについて，式

$$Z = \frac{X-\mu}{\sigma}$$

◀······ 変換した後のZは標準得点と呼ばれる。

を用いて変換しZを求めると，データZの全体は平均0で標準偏差1の正規分布をなす。この正規分布を標準正規分布と呼ぶ。全ての正規分布の確率は，XをZに変換して標準正規分布の確率に直すことができる。したがって，標準正規分布の確率がわかれば全ての正規分布の確率がわかる。図2.26の標準正規分布の確率はほとんどの統計の本に載っている。この本では，Excelで確率が計算され，表示されるので載せていない。

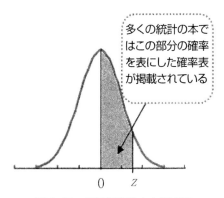

図2.26 標準正規分布と確率表

(!) 参考

> 偏差値Hは，元の点を平均が50点，標準偏差が10点となるように変換した後の値である。元の点の母集団分布が正規分布であるならば，偏差値の確率分布は平均50，標準偏差が10の正規分布となる。したがって，図2.8で示されるように，"偏差値40〜60の人は全体の約68%"，"偏差値70以上の人はわずか2.5%である"，などのことがおおよそではあるがいえる。
> 　　　　変換式　$H = (X-m)/s*10+50$
> （ただし，mは標本の平均，sは標本の標準偏差）

2.4.2　中心極限定理

平均μで標準偏差がσの母集団から十分大きい標本数nの標本を抽出して平均mを求める。同じ標本数の標本を幾つも抽出し，それぞれの標本平均をデータとして集めると，母集団の分布とは関係なくそのデータは，平均μで標準偏差が$\sigma/\sqrt{n}$の正規分布に近づく。このことを中心極限定理という(図2.27参照)。

中心極限定理より，標本平均は母集団の平均の近くにもっとも多く集まり，標本の個数nが多くなればなるほど標準偏差$\sigma/\sqrt{n}$は小さくなり，母集団の平均のまわりにより多くの標本平均のデータが集まることになる。すなわち，"標本の数が十分大ならば，標本平均のきわめて近いところに母集団の平均がある確率が高い"ことを中心極限定理は示している。

中心極限定理の表す意味を理解するために，例として，1〜6の数字がほぼ同じ数だけあ

る母集団から,標本数が2個のデータをランダムに抽出した標本を100種類作成し,それぞれの平均値を集めて度数分布表をグラフにしてみる。同様に,標本数4個と10個の標本100種類の平均値のグラフも作成してみる(図2.28)。標本数が少ないとほとんど横一列の分布をなしているが,標本数が多くなるに従って,中心が高くデータがそのまわりに集まっていく様子がわかる。

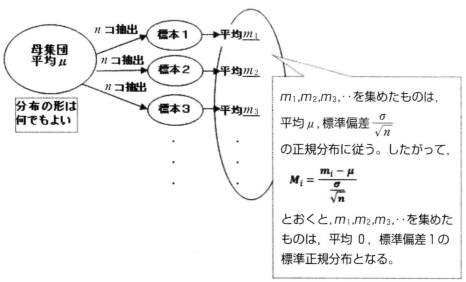

$m_1, m_2, m_3, \cdots$ を集めたものは,平均 μ,標準偏差 $\dfrac{\sigma}{\sqrt{n}}$ の正規分布に従う。したがって,

$$M_i = \frac{m_i - \mu}{\dfrac{\sigma}{\sqrt{n}}}$$

とおくと,$m_1, m_2, m_3, \cdots$ を集めたものは,平均 0,標準偏差 1 の標準正規分布となる。

図2.27 1～6の数を含む母集団から
個数2,4,10の標本100個の標本平均の度数分布グラフ

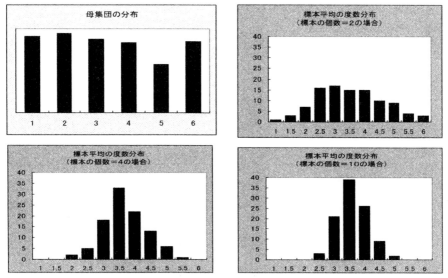

図2.28 1～6の数を含む母集団から
個数2,4,10の標本100個の標本平均の度数分布グラフ

違いを比較するために,全部のグラフを同一スケールの折れ線グラフで表示すると図2.29のようになる。

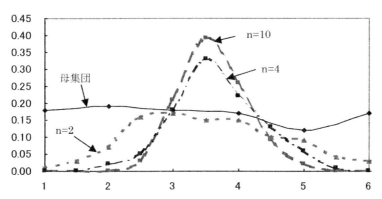

図2.29 図2.28の度数分布グラフをなめらかな折れ線グラフとして一緒に表示

中心極限定理の応用の1つとして,わからないことが普通である母集団の平均を標本から推定することができる(2.6節参照)。

演習2.2

コンピュータで作成した仮想データを使って,中心極限定理を体感する。

最初に,1〜10の整数の一様乱数を発生させる関数 RANDBETWEEN(1,10) を利用して,1〜10の整数を1000個入力して母集団とし,度数分布表とヒストグラムを作成する。次に,1000個の整数のうち2個ずつ標本を選んで平均値を求め,標本平均100個の度数分布表とヒストグラムを作成する。同様に,データ数4個の標本100個とデータ数10個の標本100個のそれぞれの度数分布表とヒストグラムを作成し,母集団のグラフと3種類の標本平均のグラフを比較する。

操作方法

1. 乱数(1〜10)を1000個発生させる
① RANDBETWEEN関数を使って「1以上で10以下の一様乱数」を1個発生させる。
② 1行に10個,100行分に複写する。(図2.30)

2. 母集団(1000個)の度数分布表と棒グラフを作成する
① データ区間(1〜10)を設定して,[データ]タブの[データ分析]−[ヒストグラム]を

実行する。入力範囲に1000個のデータ，データ区間にあらかじめ入力用意した1〜10の範囲，出力先の範囲を指定する。

② 度数分布表を使用して棒グラフを作成する。（図2.31）

3．標本平均値の(100個)の度数分布表とヒストグラムを作成する

① 1行分2個の平均値を求める。（図2.32）
② ［データ分析］-［ヒストグラム］を実行し，標本平均値の度数分布表を作成する。
③ 度数分布表を使用してヒストグラムを作成する。（図2.33）
④ 同様に，データ数4個と10個の標本平均100個のヒストグラムを作成する。（図2.34）

	A	B	C	D	E	F	G	H	I	J
1					乱数					
2	10	7	9	4	1	4	6	10	6	9
3	3	4	5	4	9	2	8	3	1	9
4	3	7	5	4	2	10	6	4	1	5
5	8	10	5	6	9	7	2	4	10	7
6	2	1	10	6	10	7	3	4	6	3
7	3	2	5	10	1	2	10	7	3	8
8	5	5	1	3	6	8	3	8	1	9
9	7	4	1	8	8	8	3	9	4	8

図2.30

データ区間	母集団 データ区間	頻度
1	1	100
2	2	86
3	3	111
4	4	97
5	5	104
6	6	100
7	7	91
8	8	117
9	9	107
10	10	87
	合計	1000

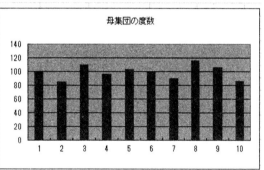

図2.31

	A	B	C	D	E	F	G	H	I	J	K
1					乱数						2個の平均
2	2	4	5	4	3	3	5	6	5	2	3
3	10	4	2	2	1	4	10	2	9	5	7
4	8	4	10	10	2	5	1	9	10	8	6
5	7	10	7	2	4	7	8	1	6	8	8.5
6	3	3	1	8	3	4	8	10	10	4	3
7	1	10	9	2	9	5	8	2	7	8	5.5
8	6	3	4	6	7	2	8	7	6	4	4.5
9	1	4	4	9	1	9	10	9	3	6	2.5

2個の平均値を求める
L1=AVERAGE(A1:B1)
A1:B1は変えても良い．

図2.32

2個の平均	
データ区間	頻度
1	0
1<平均<=2	5
2<平均<=3	6
3<平均<=4	11
4<平均<=5	25
5<平均<=6	10
6<平均<=7	17
7<平均<=8	15
8<平均<=9	9
9<平均<=10	2
次の級	0

図2.33

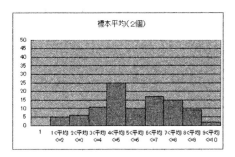

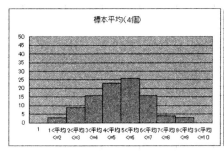

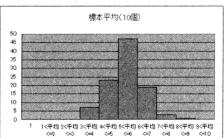

図2.34

2.5 その他の確率分布

統計で良く使用される正規分布以外の数量データの確率分布として，t 分布，F 分布，カイ二乗分布等がある。

2.5.1 t 分布

母集団は平均 μ，標準偏差 σ のほぼ正規分布に近い分布になると仮定する。この母集団から n 個のデータを抽出して得た標本の平均を m，標準偏差を s とすると，統計量

$$t = \frac{m - \mu}{\dfrac{s}{\sqrt{n}}}$$

> 図 2.27 内の式で，σ を S に変えた式と同じ。
> この式で，n を厳密に $n-1$ とする場合もある。

は，自由度 $n-1$ の t 分布に従う。

これより，t 値が区間 $t_1 \sim t_2$ に入る確率が求められ，母集団の平均 μ が

$$区間 \quad m + \frac{s}{\sqrt{n}} \cdot t_1 \sim m + \frac{s}{\sqrt{n}} \cdot t_2$$

> 上記の式から
> $\mu = m + \dfrac{s}{\sqrt{n}} \cdot t$ となる

に入る確率が求められる。

t 分布は，データの個数 n から決まる自由度 $(n-1)$ により形が変化し，t 分布の方が標準正規分布よりすそが広がっているが，n が大きくなるほど標準正規分布の形に近づく。

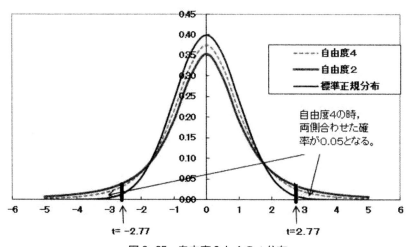

図 2.35 自由度 2 と 4 の t 分布

2.5.2 F分布

2つの自由度(n_1, n_2)によって決まる確率分布 **F分布** がある。F 分布は，2つの母集団の分散比の検定に利用される。

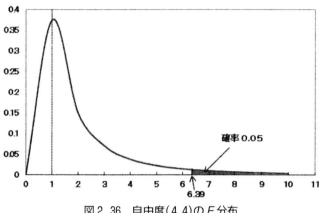

図 2.36　自由度(4,4)の F 分布

2.5.3 カイ二乗分布

2つの質的データの関係について検定するとき利用されるカイ二乗分布がある。カイ二乗分布も1個の自由度を持っている。カイ二乗分布の平均は自由度と同じ n である。

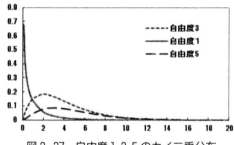

図 2.37　自由度 1, 3, 5 のカイ二乗分布

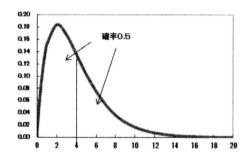 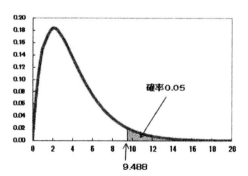

図 2.38　自由度 4 のカイ二乗分布と確率

2.6 母平均の推定

中心極限定理より,無作為抽出標本の標本平均はその標本の母集団の平均に対する不偏推定量となる(不偏推定量:母集団の特性値の推定量)。

標本の平均を求めると,その平均の周りに信頼区間を設定することができ,さらに,母平均が信頼区間に含まれる確率を述べることができる。(信頼区間:母平均が含まれる区間を確率を用いて表す。母平均の95%信頼区間は,母平均が95%の確率で含まれる区間である。)

信頼区間を求める際の仮定として,

1. 標本は無作為に抽出されている
2. $N >= 50$
3. σ(母集団の標準偏差)は既知

をおく。

母平均の95%信頼区間は,標本平均を $\bar{X}$, 母集団の標準偏差を σ_X とすると,

$$\bar{X} - 1.96 \cdot \frac{\sigma_X}{\sqrt{N}} \sim \bar{X} + 1.96 \cdot \frac{\sigma_X}{\sqrt{N}}$$

となる。

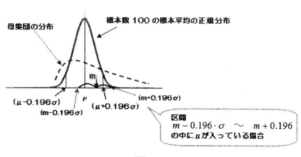

図2.39

母集団の標準偏差 σ_X が未知の場合,標本の標準偏差 S を用いて信頼区間を設定できる。それは,**正規分布する母集団**から抽出された小標本,あるいは,任意の分布から抽出された大標本に対して,標本平均は,平均 μ, 分散 S^2/N (標準偏差 $S/\sqrt{N}$)の自由度 $N-1$ の t 分布に従うことによる。したがって,

$$t = \frac{\bar{X} - \mu_X}{S_X / \sqrt{N}}$$

は,平均0,分散1の t 分布に従うと言える。

[問題2.1]

27人の標本で,10点満点の平均は7.4で,標準偏差は3.6であった。母平均の95%信頼区間と,99%信頼区間を求めよ。

2.7 独立した2つの平均値の差の検定

2つの異なる母集団のそれぞれから抽出した独立な標本の平均(m_1とm_2)の差$m_1 - m_2$は,それぞれの標本数が十分大(一概には言えないが,ここでは25以上なら良いとする)ならば,中心極限定理より母集団の平均(μ_1とμ_2)の差$\mu_1 - \mu_2$を中心とした正規分布に従う。したがって,標本平均の差,母集団の標準偏差そして標本数から母集団の平均の差がたとえば95%の確率で含まれる区間を推定できる。実際には,母集団の標準偏差はわからないのが普通であるので,標本の2つの標準偏差を用いてt分布による区間推定を行う。これらの考え方をもとにして,標本平均の差の大きさから異なる母集団の平均に差があるかないかを検証する方法を **t検定** という。

以下,t検定について例を用いて説明する。

例1

表1.6のあるクラスのテストの点のデータに,各受験者が属するグループの番号を追加する(表2.2)。グループ1はクラスで数学の補講を受けなかった人,グループ2はクラスで数学の補講を受けた人であるとする。グループ1とグループ2の数学の平均点から2つのグループが属する母集団は異なるものとして,

仮説:「2つのグループの数学の平均点に差がある」が成立するか調べる。

表2.2 表1.6の追加データ

番号	グループ	番号	グループ
1	1	26	2
2	1	27	2
3	1	28	1
4	1	29	1
5	1	30	2
6	1	31	1
7	1	32	2
8	1	33	2
9	2	34	2
10	2	35	1
11	1	36	1
12	1	37	2
13	1	38	2
14	2	39	2
15	2	40	1
16	2	41	2
17	2	42	1
18	1	43	1
19	1	44	2
20	1	45	2
21	1	46	1
22	2	47	1
23	1	48	1
24	2	49	2
25	1	50	2

(1) 仮説の設定

以下の仮説を設定して検証する。
仮説:「数学の点は,補講を受けた場合と受けない場合に差がある」

(2) 標本の記述統計

あらかじめ2グループの標本を用いた記述統計として,

① グループ別平均,標準偏差を求める。
② 度数分布表とグラフを作成する。
③ 箱ひげ図を描く。

などを実施し, 結果の見当をつける.

表2.3

	グループ1	グループ2
平均	50.56	60.70
標準誤差	2.94	2.73
中央値(メジアン)	51	61
最頻値(モード)	37	42
標準偏差	15.29	13.11
分散	233.72	171.77
尖度	-0.78	-0.50
歪度	0.10	0.45
範囲	54	47
最小	24	42
最大	78	89
合計	1365	1396
標本数	27	23

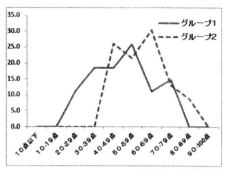

図2.40 グループ1とグループ2の度数百分率の折れ線グラフ

(3) 帰無仮説の設定

グループ1とグループ2のそれぞれが属する異なる2つの母集団の平均に差があるかないかを直接調べる方法はやはりない. そこで, カイ2乗検定の場合と同様に, 帰無仮説を設定して調べる. ここでは,

帰無仮説 H_0:「補講を受けた場合と受けない場合では平均に差がない」

となる.

(4) t 分布に従うとされる t 値を計算

帰無仮説は, $\mu_1 - \mu_2 = 0$ であることを意味している. したがって中心極限定理より, 仮説が正しければ標本平均の差は0を中心とした正規分布に従う. これより標本平均の差の大きさが帰無仮説を指示しているかどうか判断する. 実際には, 標本の標準偏差を用いて t 分布に従う t 値を求め, t 値が t 分布でどの程度の確率で得られる値かを調べて判断する.

t 値は, 2つの母集団の分散が等しいと仮定できるかできないかによって計算式が異なるので, 等分散についての F 検定 (手順5) の後に計算する. t 値の計算式については, Excelの関数を使用して求めることができるので, ここでは省略する.

(5) 2つの母集団の分散について, 等分散が仮定できるかを調べる ～F 検定～

この場合の帰無仮説は,

H_0:「独立な2つのグループの母集団の分散は等しい」

である.

帰無仮説のもとで、2つのほぼ正規分布をなす母集団からの標本の分散比は、自由度(n_1-1, n_2-1)の F 分布に従う統計量であることがわかっている。ただし、n_1 と n_2 は2つのグループのデータ数である。

例のデータでは、分散比による F 値は1.36で、F 分布において両側確率を調べると0.23と有意水準5%をはるかに越える大きい確率となり、F 値は帰無仮説のもとでたびたび起こりうる値の一つであるといえる。したがって、標本からは帰無仮説"分散は等しい"は5%有意水準で棄却できない。

F 検定では、正確には母集団がほぼ**正規分布**をなしていることが要求されている。

表2.4　等分散を仮定した場合の F 検定の結果

	グループ1	グループ2
平均	50.56	60.70
分散	233.72	171.77
観測数	27	23
自由度	26	22
観測された分散比	1.36	
P(F<=f) 片側	0.233	
F 境界値 片側	2.01	

この例では、F 値が2.01以上の場合に5%有為水準で帰無仮説が棄却できる

(6) 分散が等しい場合の t 値の検定

(3)で述べた帰無仮説「平均に差がない」について、5%有意水準で検定する。

(5)の結果より"等分散"を仮定して求めた t 値は -2.49 となり、t 値以上離れた値をとる確率は両側合わせて0.02である。帰無仮説が正しい場合には、たかだか2%以下の確率でしか得られないめったにない値が得られたことになる。したがって、5%有意水準で帰無仮説は誤りであるとして棄却できる。

表2.5 等分散を仮定した場合と仮定しない場合の t 検定の結果

等分散を仮定した2標本の t 検定	グループ1	グループ2
平均	50.56	60.70
分散	233.72	171.77
観測数	27	23
自由度	48	
t	-2.49	
P(T<=t) 片側	0.008	
t 境界値 片側	1.68	
P(T<=t) 両側	0.016	
t 境界値 両側	2.01	

分散が等しくないと仮定した2標本の t 検定	グループ1	グループ2
平均	50.56	60.70
分散	233.72	171.77
観測数	27	23
自由度	48	
t	-2.53	
P(T<=t) 片側	0.007	
t 境界値 片側	1.68	
P(T<=t) 両側	0.015	
t 境界値 両側	2.01	

(7) 結論

帰無仮説:「平均に差がない」は棄却でき,最初に設定した仮説が標本によって指示され,かつ,グループ2の方が平均が高い。よって,

「数学の補講を受けた場合は,受けない場合よりも数学の成績が良い」

の結論が得られる。

一般的に,"独立な2グループの平均に差がある"について検証する t 検定の手順を以下にまとめる。

独立な2グループの平均値の差の検定　～　t 検定の手順のまとめ　～

① 仮説「2つのグループの平均に差がある」を設定する。
② 標本の記述統計を試みる。
③ 帰無仮説:「2つのグループの母集団の平均に差がない」を設定する。
④ 有為水準を決める。たとえば5%とする。
⑤ t 検定の前に,F 検定で
　　帰無仮説:「独立な2グループの母集団の分散は等しい」
　　を検定する。この場合の有為水準も,たとえば5%とする。
⑥ ⑤の検定結果から分散が等しいか等しくないかを判断して t 値を求め,③の検定を行って帰無仮説が棄却できるかどうか判断する。
⑦ 帰無仮説が棄却できるかどうかにより,①の仮説が成立するかどうかの結論を得る。

第3章

関連性の分析
2種類の数量データの関係の捉え方

Data Analysis based ICT for All Students of the Faculty of Economics or Business

「母親の身長が高いと子供の身長も高い」
「喫煙年数の長い人ほど肺癌発生率が高い」
「設備投資と売上高は関係がある」
「今年度の入学試験では数学の点と英語の点は無関係であった」
など，我々は世の中のいろいろな現象を，2つの事象の関係でとらえていることが多い。2章では，2つの事象の関係を記述した仮説を検証するためのクロス分析について説明した。この章では，まず，2種類の数量データの関係を調べる**散布図**と**共分散・相関係数**について説明し，さらに**因果関係**を調べる**回帰分析**について説明する。以下，2つの数量データを変数 X と Y を用いて表し，X と Y についての n 組の標本データを $(X_1, Y_1), (X_2, Y_2), \cdots, (X_n, Y_n)$ と表すことにする。

3.1 散布図

2つの事象を数量データを持つ変数で表される場合に，事象間の関係をとらえるもっともわかりやすい方法は，散布図によるグラフ化である。散布図は，2つの変数 X と Y についての n 組の標本データ $(X_1, Y_1), (X_2, Y_2), \cdots, (X_n, Y_n)$ を XY 平面上の点としてプロットした図である。図3.1は表1.6の数学と国語の点の散布図である。

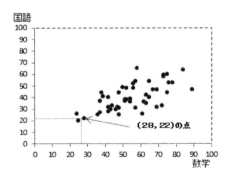

図3.1 数学と国語の点の散布図

散布図としては，大きく分類すると図3.2で表される3種類になる。(1)は X が大きくなるほど Y も大きくなる傾向を示し，(2)は X が大きくなるほど逆に Y が小さくなる傾向を示

し，(3)は2つのデータの変動に相互の関係がないことを示している。全データの点が含まれる範囲を捉えるために散布図と一緒に楕円を表示している。図3.1の散布図からは，全体として数学の点の高い人は国語の点も高い傾向がみられる。

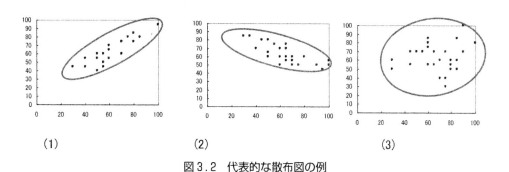

図3.2 代表的な散布図の例

　後で述べる相関係数を求める場合や，回帰分析により因果関係を調べる場合に，前もって散布図によりデータの関係を調べておくことは，誤りのない結果を得るためには重要である。

3.2 共分散と相関係数

2種類の数量データの関係を1つの統計量として表す場合に,共分散や相関係数が用いられる。いずれの統計量も散布図と関係している。

3.2.1 共分散

2つの変数 X と Y の共分散 S_{XY} は次式で表される。共分散は平均を中心として2つのデータがどの程度一緒に動くかを表している。

$$S_{XY} = \frac{1}{n} \sum_{i=1}^{n} (X_i - \bar{X})(Y_i - \bar{Y}),$$

$\bar{X}$ は X の平均, $\bar{Y}$ は Y の平均。

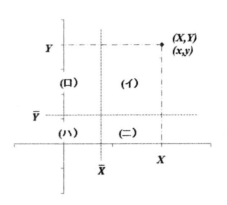

図3.3 XとYの平均を軸とした平面

$(\bar{X}, \bar{Y})$ を原点とした新しい軸の平面上で,多くのデータの $x(=X-\bar{X})$ と $y(=Y-\bar{Y})$ が同じ方向に動く場合は,データの点は図3.3の(イ)と(ハ)の領域に集まり共分散は正となる。逆に,多くのデータの x と y が反対方向に動く場合には,データは領域(ロ)と(ニ)に集まり共分散は負となる。均等に散らばっている場合には,共分散は0に近い値となる。特に遠い点ほど共分散に影響を与える。図3.4は,図3.2の数学と国語の散布図に,数学の平均55と国語の平均41の軸を点線で表示した図である。図3.3の領域(イ)と(ハ)に多くのデータが散布されていることがわかる。データから共分散は125.8と計算される。

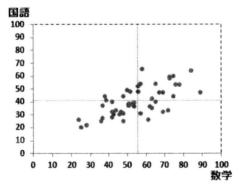

図3.4 数学と国語の散布図

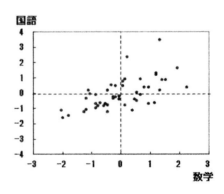

図3.5 数学と国語の標準得点の散布図

共分散は単位による影響を持っている。例えば，年収と貯金の共分散は，円単位，ドル単位，万単位などによりそれぞれ異なる値を持つ。

3.2.2 相関係数

2つの変数 X と Y の共分散が単位の影響を持っているのに対し，単位の影響を取り除いた2変数の関係を表す統計量として相関係数が存在する。2つの変数 X と Y の相関係数 R_{XY} は次式で表される。

$$R_{XY} = \frac{S_{XY}}{\sqrt{S_{XY}} \cdot \sqrt{S_{YY}}} = \frac{X と Y の共分散}{(X の標準偏差) \cdot (Y の標準偏差)}$$

S_{XY} と S_{YY} はそれぞれ X と Y の分散。

相関係数の式は書きかえると，

$$R_{XY} = \frac{1}{n} \sum \frac{(X_i - \bar{X})}{X の標準偏差} \cdot \frac{(Y - \bar{Y})}{Y の標準偏差}$$

となり，X と Y それぞれの標準得点の積の平均となる。標準得点は単位とは無関係な値であるので相関係数も単位とは無関係となる。

以下に，相関係数の特徴と留意点をまとめる。

[1] 相関係数は，−1 から 1 の間の値を持つ。

2つの変数 X と Y の散布図が図3.2(1)のようになる場合には，相関係数は正の値となり，データが含まれる右上向きの楕円が細くなるほど，すなわち，全体の点が傾き正の直線に近いほど1に近くなり，直線上に全てのデータの点が集まった時に1となる。相関係数が1に近いほど，<u>X と Y は強い**正**の(直線)相関がある</u>，という。逆に，図3.2(2)のような散布図が得られる場合には，相関係数は負となり，データが含まれる右下向きの楕円が細くなるほど，すなわち，全体の点が傾き負の直線に近いほど−1に近い値となり，直線上に全てのデータの点が集まった時に−1となる。相関係数は−1に近いほど，<u>X と Y は強い**負**の(直線)相関がある</u>，という。図3.2(3)のような散布図が得られる場合には，相関係数は0に近い値となる。図3.5は，図3.4の数学と国語の点を標準得点に直してプロットした散布図である。図3.4と比較すると，平均が0で軸のスケールが変わっている。相関係数の値から2つの変数間の関係を述べる場合には，データの性質や標本数を考慮しなければならない。したがって，一概には判断できないが，ここでは次のような判断を用いることにする。

相関係数 −1 〜 −0.7 の場合，	強い負の相関がある
−0.7 〜 −0.4 の場合，	中程度の負の相関がある
−0.4 〜 −0.2 の場合，	弱い負の相関がある
−0.2 〜 0.2 の場合，	殆ど相関がない
0.2 〜 0.4 の場合，	弱い正の相関がある
0.4 〜 0.7 の場合，	中程度の正の相関がある

0.7 以上の場合, 強い正の相関がある

　例で用いた数学と国語の点の相関係数は 0.62 となる。2 つの得点は中程度の正の相関を持っているといえる。また，図 3.2(1)～(3) の相関係数はそれぞれ 0.88, −0.76, 0.1 の場合の例である。

(!) 参考　散布図から見た相関の強さ（相関のある場合）

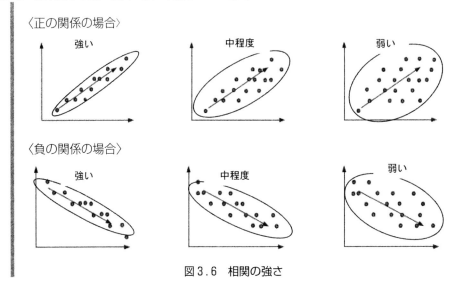

図 3.6　相関の強さ

[2] 相関係数を用いる場合に 2 つの変数が，
　　① 数量データで表される
　　② 標本数が 50 以上である
　　③ 正規分布に近い分布となる

であることが望ましい。これらの条件を満たしている場合に相関係数は正しい意味を持つといえる。それぞれの変数のデータがこれらの条件を満たしているかどうかをあらかじめチェックしておく配慮は必要である。しかし，たとえばデータの個数が 50 以下ではあるがそれほど極端に少なくないので相関係数を使用する場合には，散布図を描いて**外れ値**（他の多くのデータから極端に離れた位置にプロットされるデータ）の影響を受けていないかなど，注意を払うとよい。

[3] 相関係数は 2 つの変数が線形関係（散布図で直線に近いところに集まっている）があるかどうかを見る指標である。

　相関が 0 であるからといって 2 つの変数に関連がないと判断すると誤ることがあるので注意する。例えば，次の場合には相関係数を求めても関連がないという結果しか得られない。
(a) 2 つのグループに分かれ，グループ内では相関がある。
(b) 外れ値を除くと関連がある。

(c) 時系列データのように系列相関がある。
(d) 一方の変数について累乗, 平方根, 対数などで変換したのちに相関係数を求めると関連がある。
(e) 順位相関をとると関連がある。

　いずれの場合も散布図により特定の関連を発見できる。詳しい説明は省略するが, 図3.7(a)〜(e)の散布図がそれぞれの場合の散布図の例である。

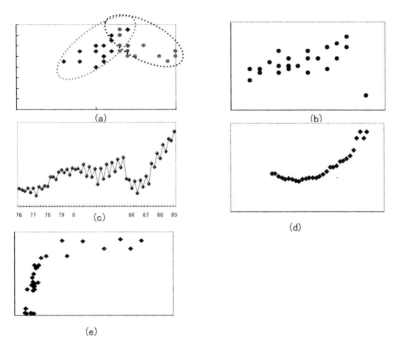

図3.7　相関係数では相関がないとなる散布図

3.3 回帰分析

　原因となる事象と結果となる事象の関係を表す**因果モデル**について，標本データを用いて仮説を検証する手法を**回帰分析**という。例えば，
仮説：「広告費により売上が決まる」
は，広告費が原因の事象で，売上が結果の事象の因果モデルの仮説である。また，
仮説「子供の身長は両親の身長により決まる」
は，母親と父親の身長が原因の事象で，子供の身長が結果の事象の因果モデルの仮説である。
　最初のモデルは原因が1つで，2つめのモデルは原因が2つである。原因の事象が1つの場合の因果モデルの仮説を検証する回帰分析を**単回帰分析**，原因の事象が複数の場合の因果モデルの仮説を検証する回帰分析を**重回帰分析**と言う。回帰分析の対象となる因果モデルを特に**回帰モデル**と呼ぶ。

3.3.1 単回帰分析

　ある集団の性質についての言及を検証する時，次の1～5の手順を用いる。手順4と5を回帰分析により行う。

　手順1：因果モデルを設定する
　手順2：因果モデルに対して，複数の因果関係を観測可能な幾つかの指標を用いて表す
　手順3：指標を表す変数(データ)を用いて仮説(操作仮説)を設定し，データは，母集団全体を観測できない場合を想定して無作為に抽出した良い標本を得る
　手順4：標本のデータを用いて因果関係を調べる
　手順5：得られた標本の因果関係が母集団に対して必要かつ十分な説明をしていることになるかを検証する
　手順6：経験として得られている知見に対して妥当な結論が得られているか判断する。評価によっては前の手順に戻って繰りかえす

　このように回帰分析の前後に幾つかの手順が必要であり，また結論に達するまでには手順を繰り返すといった試行錯誤が必要である。
　回帰分析については，次の(1)から(6)を順に行う。

(1) データが因果関係を検証する価値のあるものかを散布図と相関係数から確かめる。
(2) 最小二乗法により標本データの散布図の点全体に近い直線(回帰直線)の式を求め，回帰係数を決定する。
(3) 決定係数から独立変数によって従属変数の分散がどの程度説明できるかを見る。
(4) モデルの適合度をF検定で調べる。
(5) 各係数の有意性をt検定で調べる。
(6) 誤差のランダム性を調べる。

　ここでは，独立変数が1つの場合の単回帰分析について，表3.1の店舗の売上データを用

いて分析の手順と考え方を説明する。

表3.1

広告費 (百万円)	値引率 (割分)	売上高 (百万円)
10	3.5	52
8	2.5	49
3	2	38
8	2.8	41
7	2.5	39
9	2.7	48
7	1.5	42
7	2.9	44
10	2.4	48
4	3.1	39
2	2.8	34
1	3	34
5	3	41
2	3.5	40
4	2.4	36
3	3.5	35
6	3.2	47
8	2.8	43
9	3	44
5	3	41
11	5	55
9	3	40
3	1	30
12	3	54
5	1	40

(1) 仮説の設定

広告費と売上高,または値引率と売上高は,いずれも広告費と値引率を独立変数,売上高を従属変数とする因果関係が考えられる。すなわち,次の2つを仮説として設定する。

仮説1:「広告費をかけるほど売上高が上がる」
仮説2:「値引率が高いほど売上高が上がる」

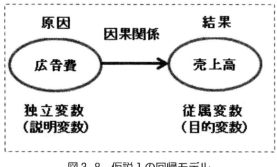

図3.8 仮説1の回帰モデル

(2) 散布図と相関係数

標本データを用いて,独立変数を X 軸,従属変数を Y 軸として散布図を描き,さらに相関係数を求めて関係を確かめる。

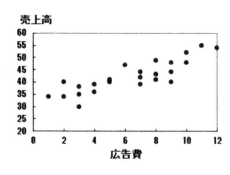
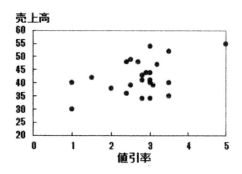

図3.9 広告費と売上高の散布図　　図3.10 値引率と売上高の散布図

表3.2 相関係数

	広告費	値引率	売上高
広告費	1		
値引率	0.264229	1	
売上高	0.853794	0.461306	1

広告費と売上高は強い正の相関,値引率と売上高は中程度の正の相関がみられる。

(3) 回帰直線の推定

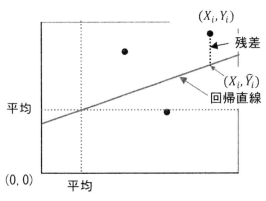

図3.11 回帰直線と残差

散布図において全ての点に最も近い回帰直線を最小二乗法により求める。回帰直線の式(回帰式)を

$$\hat{Y} = aX + b$$

とおくと,i 番目の標本データ (X_i, Y_i) は,

$$Y_i = \hat{Y}_i + e_i = aX_i + b + e_i$$

と表すことができる。e_i は $Y_i - \hat{Y}_i$ で表される残差であり,回帰式では表せない各 Y_i が独立に持っている要因を表している(図3.11参照)。

回帰直線の係数 a(回帰係数という)と切片 b は,全データの残差の平方和

$$\sum_{i=1}^{n} e_i^2 = \sum_{i=1}^{n} (Y_i - \hat{Y}_i)^2$$

を最小にするように推定される。この推定法を**最小二乗法**と呼ぶ。最小二乗法により次の回帰式が求められる。

回帰式　　$Y - \overline{Y} = \dfrac{S_{XY}}{S_{XX}}(X - \overline{X})$,

ただし,S_{XX} は X の分散,S_{XY} は X と Y の共分散を表す。

$$\text{回帰係数} \quad a = \frac{S_{XY}}{S_{XX}}$$

$$\text{切片} \quad b = \overline{Y} - a\overline{X}$$

すなわち,回帰直線は 2 変数 X と Y の平均 $(\overline{X}, \overline{Y})$ の点を必ず通り,切片 b は係数 a が決まれば自動的に決まることがわかる。

仮説 1 について標本データから推定される回帰直線の式は,
$$Y = 1.8X + 31.0 \quad \text{となる。}$$

仮説 2 について同様に次の回帰直線の式が求められる。
$$Y = 3.6X + 32.2$$

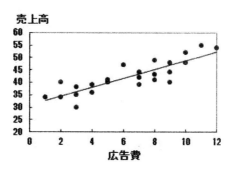

図 3.12　散布図と回帰直線

（4）決定係数

回帰分析では,得られた回帰式がどの程度データ全体に近いかを表す指標として,回帰直線の式で予測される Y の値と実際の観測値 Y の値との関係から**決定係数**（百分率を**寄与率**と呼ぶ）を計算する。決定係数は 1 を上限として 1 に近いほど回帰直線の近くに全体のデータが散らばっていることになる。

i 番目の従属変数 Y の観測値 Y_i の平均 $\overline{Y}$ からの偏差 $Y_i - \overline{Y}$ は,

$$Y_i - \overline{Y} = (Y_i - \hat{Y}_i) + (\hat{Y}_i - \overline{Y})$$

と表すことができる。$\hat{Y}_i$ は最小二乗法を用いて導かれた予測値であることより,全てのデータについて次式が成立する。

$$\sum_{i=1}^{n}(Y_i - \overline{Y})^2 = \sum_{i=1}^{n}(Y_i - \hat{Y}_i)^2 + \sum_{i=1}^{n}(\hat{Y}_i - \overline{Y})^2$$

式において, $\sum_{i=1}^{n}(Y_i - \overline{Y})^2$ は従属変数 Y の平均からの偏差の全平方和, $\sum_{i=1}^{n}(Y_i - \hat{Y}_i)^2$ は残差

平方和, $\sum_{i=1}^{n}(\hat{Y}_i - \overline{Y})^2$ は回帰平方和と呼ばれる。すなわち,

$$\boxed{全平方和} = \boxed{残差平方和} + \boxed{回帰平方和}$$

が成立する。この式は, "全データの平均からの偏差は, 回帰式で Y を推定することにより回帰平方和と残りの残差平方和に分けられる"ことを意味している。すなわち, Y を回帰式で予測することにより, 平均からの偏差が回帰平方和分減ったと考えられる。Y についての全平方和のうち, 回帰式により推定された予測値 $\hat{Y}$ の回帰平方和の割合

$$\frac{回帰平方和}{全平方和} = \frac{\sum_{i=1}^{n}(\hat{Y}_i - \overline{Y})^2}{\sum_{i=1}^{n}(Y_i - \overline{Y})^2} \left(= 1 - \frac{\sum_{i=1}^{n}(Y_i - \hat{Y})^2}{\sum_{i=1}^{n}(Y_i - \overline{Y})^2} = 1 - \frac{残差平方和}{全平方和} \right)$$

を**決定係数(寄与率)**という。残差平方和が小さくなるほど, すなわち全データが回帰直線の近くにあるほど決定係数は 1 に近づき, 独立変数 X の値から回帰式で予測される Y の値が観測値に近くなる。仮説 1 の決定係数は約 0.73, 仮説 2 の決定係数は 0.21 となる。

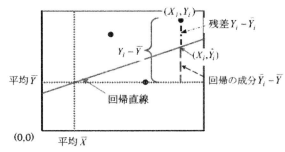

図 3.13　残差と回帰

(!) 注　単回帰の場合の決定係数は, 独立変数と従属変数の相関係数の二乗に一致する。

(5) 回帰モデルの有為性検定

　標本データから最小二乗法を用いて推定された回帰式が母集団においても用いることができるか, すなわち回帰の有為性についての統計的検定を行う。統計的に有意であることを言えるならば, 独立変数 X の任意の値に対して回帰式から従属変数 Y の値が予測できる。
① 回帰モデルの妥当性を調べる F 検定

　母集団において,

帰無仮説:「従属変数は独立変数を説明していない」

を仮定する。この場合の帰無仮説は,「回帰式を用いて予測できない(母集団の回帰係数 $\alpha = 0$)」ことを意味する。帰無仮説に対して分散分析表を作成して検定する。この場合の検定は, 同時に, 決定係数の有為性検定にもなる。仮説 1 については次の分散分析表が得られる。

表3.3 仮説1の分散分析表残差と回帰

分散分析表

	自由度	変動	分散	観測された分散比	有意 F
回帰による変動	1	709.55	709.55	61.86	5.7352E-08
残差	23	263.81	11.47		
全変動	24	973.36			

有意水準1%以下の確率を示している

分散分析表の変動の値が決定係数を求める際に用いた各平方和である。分散は平方和を自由度で割った値であり，各変動の平均変動を表している。帰無仮説のもとで2つの独立な変数の分散比は F 分布に従い，F 値が大きいほど残差に対して回帰の分散が大きくなることを用いて仮説検定する。

ここで用いた例では，分散比は 61.86 となり，自由度 (1,23) の F 分布において非常に小さい確率 (5.7352E-08) のもとで起こる値の範囲に含まれる。したがって，5％有為水準のもとで帰無仮説は棄却でき，母集団において「モデルは成立する」といえる。

② 係数の妥当性を調べる t 検定

求められた回帰直線の係数 a と切片 b が，母集団の実際の回帰式を

$$\hat{Y} = \alpha X + \beta$$

と表した場合の回帰係数 α と切片 β の推定値として用いて良いかを統計的に検証する。まず，回帰係数 α の推定値として a を用いて良いかを検証するには，母集団において，

帰無仮説：「$\alpha = 0$ すなわち，独立変数 X は従属変数 Y に影響を与えない。」

を設定し，t 分布に従う t 値を計算して検定する。

例の仮説1の回帰モデルにおいては表3.4のような係数や t 値が計算される。

表3.4 仮説1の回帰モデルの係数と t 値

	係数	標準誤差	t	P-値
切片	30.997	1.5726	19.71	6.6444E-16
広告費	1.7663	0.2246	7.8651	5.73517E-08

有為水準1%以下の確率を示している

独立変数の広告費についての回帰係数の t 値は 7.8651 となり，t 分布において 5.73517E-08 と非常に小さな確率で得られる値の範囲に含まれる。したがって，5％有為水準のもとで帰無仮説は棄却され，α は 0 でない。詳しい説明は省略するが，このことは a の値（約 1.8）を α の良い推定値として用いてよいことを示している。

切片 β は回帰係数が求められると自動的に求められるので,検定を通しての検証は重要でない。

以上の手順を通して,母集団において仮説1が成立し,標本から得られた回帰式 $Y=1.8X+31.0$ を用いて広告費から売り上げを73%の確率で予測できる。

仮説2についても,F 検定および回帰係数の t 検定結果はともに有意であり,回帰式 $Y=3.6X+32.2$ を用いて値引率から売り上げが予測できるが,決定係数はわずか0.21%である。

> 注　単回帰では,F 検定と t 検定の結果は同じになり,どちらか一方で十分である。しかし,重回帰のように独立変数が2つ以上の場合にはモデル全体の有為性検定と回帰係数の有為性検定は異なるものになるので注意する。

演習3.1

この節で用いた仮説の演習を実践する。出力結果の解釈については本文の説明を参照のこと。

操作方法

■ Excel

1. 仮説1について,散布図,相関係数,回帰分析の結果を出力して検証する。

① 散布図を作成する。

- 広告費と売上高のデータを選択し,[挿入]タブのグラフの[散布図](マーカーのみ)を選択する。グラフツールを利用してラベルなどの形式を整えると同時に,[レイアウト]の[近似曲線]の[線形近似曲線]を選択し,散布図の点に最も近い直線を引く(後で求める回帰直線と一致する)。

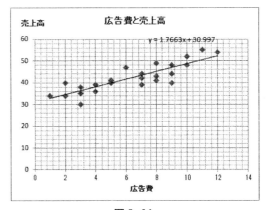

図3.14

- 近似曲線を選択して,右ボタンで[近似曲線の書式設定]を選択し,[グラフに数式を表示する]をチェックする。近似直線の式が出力される。(図3.14)

② 相関係数を求める。

- 予め広告費と売上高を隣り合った列に表示する。

- [データ]タブの[データ分析]-[相関]を選択し，入力範囲と出力場所を指定する。この時ラベルを選択している場合は，先頭行をラベルに使用 にチェックを入れる(図 3.15)。相関係数が出力される。(図 3.16)

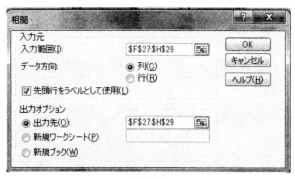

図 3.15

相関係数	広告費	売上高
広告費	1	
売上高	0.85	1

図 3.16

③ 回帰分析を実行する
- [データ]タブの[データ分析]-[回帰分析]を選択し，入力範囲(Y)に結果の変数のデータ(売上高)，入力範囲(X)に原因の変数のデータ(広告費)を指定する。出力場所を指定する。ラベルを選択している場合は ラベル ，そして 有意水準 ，残差 などのオプションにチェックを入れる(図 3.17)。回帰分析の結果が出力される。(図 3.18)

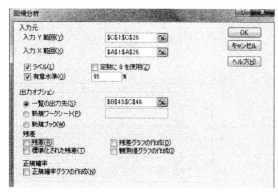

図 3.17

概要

回帰統計	
重相関 R	0.8537944
重決定 R2	0.73
補正 R2	0.7171807
標準誤差	3.3867697
観測数	25

決定係数

分散分析表

	自由度	変動	分散	された分散	有意 F
回帰	1	709.545	709.545	61.8598	5.735E-08
残差	23	263.815	11.4702		
合計	24	973.36			

	係数	標準誤差	t	P-値	下限 95%	上限 95%	下限 95.0%	上限 95.0%
切片	31.00	1.57263	19.7104	6.6E-16	27.743946	34.2504	27.7439	34.2504
広告費	1.77	0.22457	7.8651	5.7E-08	1.301709	2.23083	1.30171	2.23083

回帰係数

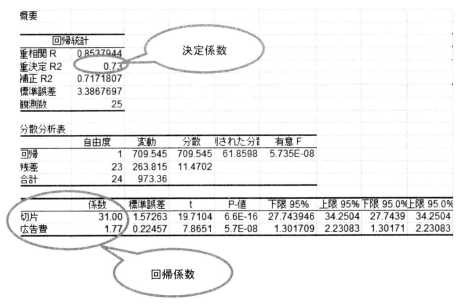

図 3.18　回帰分析の出力結果

2. 仮説2について，散布図，相関係数，回帰分析の結果を出力して検証する。

上記仮説1と同様の操作を実行する。次の結果が出力される。（図3.19, 3.20, 3.21）

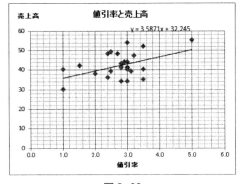

図 3.19

相関係数

	値引率	売上高
値引率	1	
売上高	0.46	1

図 3.20

概要

回帰統計	
重相関 R	0.46131
重決定 R2	0.21
補正 R2	0.17858
標準誤差	5.77184
観測数	25

分散分析表

	自由度	変動	分散	測された分散	有意 F
回帰	1	207.135	207.135	6.21762	0.02028
残差	23	766.225	33.3141		
合計	24	973.36			

	係数	標準誤差	t	P-値	下限 95%	上限 95%	下限 95.0%	上限 95.0%
切片	32.25	4.14041	7.78793	6.8E-08	23.6801	40.8103	23.6801	40.8103
値引率	3.59	1.43858	2.49351	0.02028	0.61119	6.56305	0.61119	6.56305

図 3.21　回帰分析の出力結果

■ SPSS

1. 仮説1について，散布図，相関係数，回帰分析の結果を出力して検証する。
① 散布図を作成する
   - [グラフ]−[レガシーダイアログ]−[散布図]−[単純な散布図]を選択し，[定義]をクリックする。広告費を X 軸，売上高を Y 軸に入れ，[OK]をクリックする。
   - 出力されたグラフをダブルクリックして図表エディタを開く。
   - 合計での線のあてはめ ボタンをクリックして，線形の直線を当てはめる。（図 3.22）
② 相関係数を求める
   - [分析]−[相関]−[2変量]を選択し，全ての変数を変数の中に入れ，[OK]をクリックする。相関行列表が出力される。（図 3.23）
③ 回帰分析を実行する
   - [分析]−[回帰]−[線型]を選択し，売上高を従属変数に，広告費を独立変数に入れ，[OK]をクリックする。モデル集計表，分散分析表，係数表が出力される。（図 3.24）

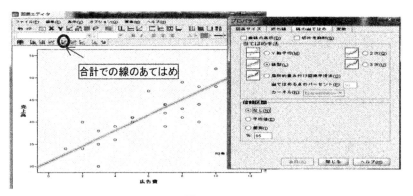

図 3.22

相関係数

		広告費	値引率	売上高
広告費	Pearson の相関係数	1.000	.264	.854**
	有意確率（両側）		.202	.000
	N	25	25	25
値引率	Pearson の相関係数	.264	1.000	.461*
	有意確率（両側）	.202		.020
	N	25	25	25
売上高	Pearson の相関係数	.854**	.461*	1.000
	有意確率（両側）	.000	.020	
	N	25	25	25

**．相関係数は 1% 水準で有意（両側）です。

*．相関係数は 5% 水準で有意（両側）です。

図 3.23

モデル集計

モデル	R	R2 乗	調整済み R2 乗	推定値の標準誤差
1	.854a	.729	.717	3.387

a. 予測値：（定数）、広告費。

分散分析b

モデル		平方和	自由度	平均平方	F 値	有意確率
1	回帰	709.545	1	709.545	61.860	.000a
	残差	263.815	23	11.470		
	全体	973.360	24			

a. 予測値：（定数）、広告費。
b. 従属変数：売上高

係数a

モデル		非標準化係数		標準化係数	t	有意確率
		B	標準誤差	ベータ		
1	（定数）	30.997	1.573		19.710	.000
	広告費	1.766	.225	.854	7.865	.000

a. 従属変数：売上高

図 3.24

2. 仮説 2 について，散布図，相関係数，回帰分析の結果を出力して検証する。

上記仮説 1 と同様の操作を実行する。相関係数については図 3.23 を参照。次の結果が出力される。（図 3.25, 3.26）

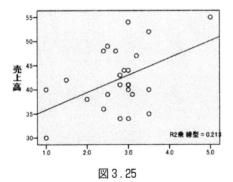

図 3.25

モデル集計

モデル	R	R2乗	調整済みR2乗	推定値の標準誤差
1	.461a	.213	.179	5.772

a. 予測値：(定数)、値引率.
b. 従属変数：売上高

分散分析

モデル		平方和	自由度	平均平方	F値	有意確率
1	回帰	207.135	1	207.135	6.218	.020a
	残差	766.225	23	33.314		
	全体	973.360	24			

a. 予測値：(定数)、値引率.
b. 従属変数：売上高

係数

モデル		非標準化係数 B	標準誤差	標準化係数 ベータ	t	有意確率
1	(定数)	32.245	4.140		7.788	.000
	値引率	3.587	1.439	.461	2.494	.020

a. 従属変数：売上高

図 3.26

課題 3.1

プロ野球のデータを用いて次の仮説の成立を調べる。

仮説1：「本塁打は打点に影響する」
仮説2：「打率は打点に影響する」

課題 3.2

GSS のデータを用いて次の仮説の成立を調べる。

仮説：「教育年数（EDUC）が子供の数（CHILDS）に影響する」

3.3.2 重回帰分析

重回帰分析は，従属変数 Y を2つ以上の独立変数 $X_1, X_2, \cdots$ で説明できるかを調べるために単回帰分析を拡張したものである。例えば，3.3.1節の因果モデルに対し，広告費と値引率の2つの独立変数を同時に投入して従属変数の売上高を説明する因果モデルを重回帰モデルと言い，重回帰モデルの仮説を検証する統計的手法が重回帰分析である。

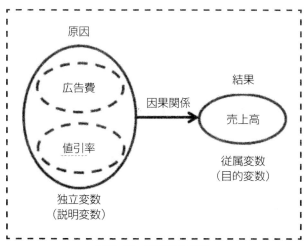

図 3.27 重回帰モデル

以下,図 3.27 の 2 つの独立変数を持つ重回帰モデルを用いて重回帰分析の考え方と手順について説明する。

(1) 仮説の設定

仮説:「広告費と値引率は売り上げに影響する」を設定する。

(2) 散布図と相関係数

単回帰の場合と同じく各独立変数と従属変数の散布図を描き(図 3.9,図 3.10 参照),全体の傾向と外れ値が存在していないかなどを確認する。また相関係数(表 3.2 参照)について,とくに独立変数同士の相関が強い場合には注意を要する。

(3) 回帰式の推定

独立変数同士の相関を考慮しながら従属変数を最もよく説明する回帰式(1 次式)を求める。独立変数が 2 つの場合,母集団の回帰式は次のように表される。

$$Y = \alpha_1 \cdot X_1 + \alpha_2 \cdot X_2 + \beta + \varepsilon,$$

ただし,α_1, α_2 は偏回帰係数,β は切片,ε は誤差

単回帰と同様に,標本データから標本の回帰式を

$$\hat{Y} = a_1 \cdot X_1 + a_2 \cdot X_2 + b$$

と表し,最小二乗法により標本データの残差平方和

$$\sum_{i=1}^{n} e_i^2 = \sum_{i=1}^{n} (Y_i - \hat{Y}_i)^2$$

を最小にする $\alpha_1, \alpha_2, \beta$ の予測値 a_1, a_2, b を求める。

例の仮説モデルの回帰式は，広告費を表す独立変数を X_1，値引率を表す独立変数を X_2 とすると，以下の回帰式が得られる。

$$回帰式 \quad Y = 1.6X_1 + 2.0X_2 + 26.4$$

● 標準化回帰係数

独立変数が2つ以上あり，それぞれの単位が異なる場合に，どちらが従属変数の値の増減に影響するかをみる指標として用いられる。独立変数と従属変数の全てを予め標準化した値に変換してから回帰分析で推定した係数である。複数の独立変数の従属変数への影響を比較できるが，数値そのものはあまりわかりやすいものではない。

(4) 決定係数

回帰式の説明力を表す決定係数は0.79となる。重回帰モデルの場合の決定係数は，独立変数の数を増やすほど高くなる。回帰モデルの独立変数として意味のない変数を追加した場合に決定係数が高くならないように調整した調整済みの決定係数も計算され，例の場合には0.77となる。前節で用いた2つの単回帰モデルの決定係数と比較すると，重回帰モデルの方が高い説明力を持っている。この例のように，調整済みの決定係数を用いて単回帰モデルや他の重回帰モデルとモデルの説明力について比較しながら最適なモデルを見いだすとよい。

(5) 重回帰モデルの有為性検定

① 重回帰モデルの妥当性を調べる F 検定

母集団において，

帰無仮説：「モデルは成立しない」

を設定する。言いかえると，帰無仮説は「独立変数は従属変数を説明しない」または「回帰式を用いて予測できない（母集団の偏回帰係数 $\alpha_1 = \alpha_2 = 0$）」となる。帰無仮説に対して分散分析表を用いて検定する。

例で設定した重回帰モデルでは表3.5の分散分析表が得られる。分散比は41.06となり，5％有為水準で帰無仮説は棄却できる。したがって，母集団において「重回帰モデルは成立する」と判断できる。

表3.5 仮説の重回帰モデルの分散分析表

	自由度	変動	分散	観測された分散比	有意 F
回帰	2	767.68	383.84	41.057	4E-08
残差	22	205.68	9.349		
合計	24	973.36			

有為水準5%以下の確率を示している

② 係数の妥当性を調べる t 検定

求められた回帰直線の係数 a_i と切片 b は母集団の回帰式の偏回帰係数 α_i と切片 β に一致しているわけではない。最小二乗法で推定した分近いと言える程度である。どの位近いかを検定する必要がある。それぞれの帰無仮説

帰無仮説1:「$\alpha_1=0$」(独立変数 X_1 は従属変数 Y に何も影響を与えない),

帰無仮説2:「$\alpha_2=0$」(独立変数 X_2 は従属変数 Y に何も影響を与えない),

を設定して t 検定により検証する。

表3.6よりいずれも5%有為水準で帰無仮説は棄却される。したがって,標本から推定された2つの独立変数の偏回帰係数は母集団においても有為である。

表3.6 仮説の重回帰モデルの回帰係数と t 値

いずれも有為水準5%以下の確率を示している

	係数	標準誤差	t	P-値
切片	26.426	2.3185	11.398	1E-10
広告費	1.6278	0.2102	7.7433	1E-07
値引率	1.9704	0.7902	2.4937	0.0206

以上の結果から手順1で設定した重回帰モデルは成立し,

$$回帰式 \quad Y=1.6X_1+2.0X_2+26.4$$

を用いて,広告費と値引率から売り上げを77%の割合で予測できる。

> 参考　t検定においては、誤差 e_i について、次の 4 つを仮定している。
>
> 仮定 1.　e_i は互いに独立
> 仮定 2.　e_i の平均は 0
> 仮定 3.　e_i の分散は一定
> 仮定 4.　e_i の分布は正規分布に従う

③ 残差の検討

単回帰モデルについては散布図と回帰直線を同じグラフに表示して当てはまりの良さなど視覚的にとらえることができるが、重回帰モデルについては同様のグラフ作成は不可能である。しかし、個々の独立変数と残差の散布図を描き、残差が独立変数の値により偏りがなく 0 を中心としてランダムに散らばっていることを確認できる。重回帰モデルにおいて、残差を検討してモデルの成立を視覚的にチェックすることも忘れてはいけない。

図 3.28 と 3.29 に例で用いた重回帰分析の結果の残差と 2 つの独立変数のプロット図を示す。いずれも残差に問題がないことがわかる。

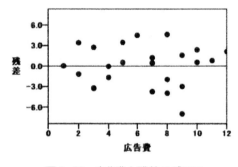
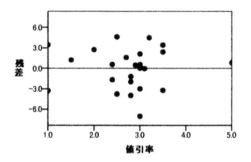

図 3.28　広告費と残差のグラフ　　　図 3.29　値引率と残差のグラフ

以上、因果関係モデルを検証する 1 手法として、標本として連続データが得られている場合に適用できる重回帰の考え方と手順についてひととおり述べたが、最適なモデルを発見するためにはその他に検討しなければならないことがらがある。まずはここで述べた基本的なことを理解して実践し、それから次のステップに進むと良い。

演習 3.2

この節で用いた仮説についての演習を実践する。散布図と相関係数については既に演習 3.1 で出力しているので、ここでは、回帰分析についての結果を出力する。出力結果の解釈については、本文を参照のこと。

操作方法

■ Excel

① 回帰分析を実行する

- [データ]タブの[データ分析]-[回帰分析]を選択し，入力範囲(Y)に結果の変数のデータ(売上高)，入力範囲(X)に原因の変数のデータ(広告費と値引率)を指定する．出力場所を指定する．ラベルを選択している場合は ラベル ，そして 有意水準 , 残差 などのオプションにチェックを入れる．回帰分析の結果が出力される．(図 3.30, 3.31)

概要

回帰統計	
重相関 R	0.89
重決定 R2	0.79
補正 R2	0.77 ←決定係数
標準誤差	3.06
観測数	25

分散分析表

	自由度	変動	分散	観測された分散比	有意 F
回帰	2	767.68	383.84	41.06	3.75002E-08
残差	22	205.68	9.35		
合計	24	973.36			

	係数	標準誤差	t	P-値	下限 95%	上限 95%	下限 95.0%	上限 95.0%
切片	26.43	2.32	11.40	0.00	21.62	31.23	21.62	31.23
広告費	1.63	0.21	7.74	0.00	1.19	2.06	1.19	2.06
値引率	1.97	0.79	2.49	0.02	0.33	3.61	0.33	3.61

残差出力

観測値	予測値: 売上高	残差
1	49.60	2.40
2	44.37	4.63
3	35.25	2.75
4	44.97	-3.97
5	42.75	-3.75
6	46.40	1.60
7	40.78	1.22

図 3.30

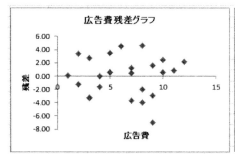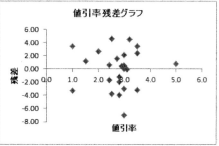

図 3.31

■ SPSS
① 回帰分析
- ［分析］-［回帰］-［線型］を選択し，売上高を従属変数に，広告費と値引率を独立変数に入れ，［保存］ボタンで予測値 標準化されていない と残差 標準化されていない をチェックし，［続行］→［OK］をクリックする。（図3.32）
- モデル集計表，分散分析表，係数表が出力される。（図3.33）
- 独立変数と保存した残差についてのプロット図を作成する。
    ◇ ［グラフ］-［レガシーダイアログ］-［散布図］-［単純な散布図］を選択し，［定義］をクリックする。広告費をX軸，残差をY軸に入れ，［OK］をクリックする。
    ◇ 出力されたグラフをダブルクリックして図表エディタを開く。
    ◇ Y軸参照線の追加 ボタンをクリックして，プロパティのウィンドウで位置に0を入力し，［適用］をクリックして閉じる。（図3.34）

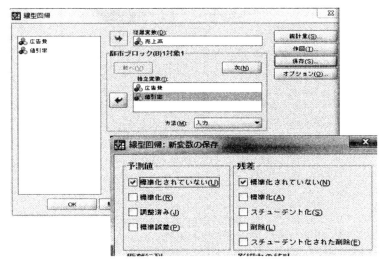

図3.32

モデル集計[b]

モデル	R	R2 乗	調整済み R2 乗	推定値の標準誤差
1	.888[a]	.789	.769	3.058

a. 予測値:(定数)、広告費, 値引率.
b. 従属変数: 売上高

分散分析[b]

モデル		平方和	自由度	平均平方	F 値	有意確率
1	回帰	767.683	2	383.842	41.057	.000[a]
	残差	205.677	22	9.349		
	全体	973.360	24			

a. 予測値:(定数)、広告費, 値引率.
b. 従属変数: 売上高

係数[a]

モデル		非標準化係数		標準化係数	t	有意確率
		B	標準誤差	ベータ		
1	(定数)	26.426	2.319		11.398	.000
	値引率	1.970	.790	.253	2.494	.021
	広告費	1.628	.210	.787	7.743	.000

a. 従属変数: 売上高

図 3.33

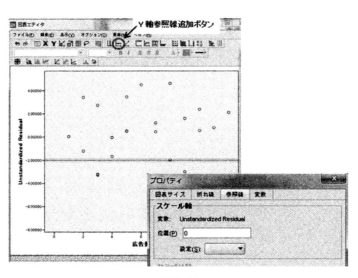

図 3.34

課題3.3

GSSのデータを用いて次の仮説の成立を調べる。

仮説：「教育年数(EDUC)と1週間の労働時間(HRS1)が回答者の収入(RINCOME)に影響する」

課題3.4

プロ野球のデータを用いて次の仮説の成立を調べる。

仮説：「本塁打と2塁打は打点に影響する」

3.3.3 回帰分析の発展

回帰分析には，その他注意しなければならない事項がある。この章では，その幾つかを取り上げる。

(1) 外れ値

本来，線形関係のない2変数が外れ値の存在により，あたかもうまく回帰直線が当てはまっているように見える場合がある。回帰モデルの数学的意味を考えれば当然のことである。この場合には，外れ値の存在を予め検出し，分析に含めない場合の結果と含めた場合の結果と比較し，両者の違いを説明する必要がある。独立変数が1個の場合は，散布図により簡単にはずれ値のチェックができる。

(2) 共線性

2つの独立変数が高い相関を持つ場合，どちらかの独立変数の t 検定による推定精度は悪くなる。これは，係数 a_i の標準誤差が独立変数間の相関の程度に影響されることにある。このような場合は，

① あらかじめ相関係数の検討をしておく。
② どちらかの独立変数を除く。
③ 意味のある場合に，独立変数同士をプラスしたり平均をとったりして合成する。
④ 独立変数の数が多く，互いに複雑に絡み合っている場合は，予備的に主成分分析等で幾つかの合成変数(要因)にまとめ，合成変数を独立変数にして重回帰分析を行う。ただし，③と同様に合成された変数の意味付けができることが前提となる。

等を試みる。

(3) ダミー変数

性別が従属変数に影響すると仮定し，他の量的な独立変数と共に重回帰分析を用いて予測する場合を想定する。性別は男か女の2つのカテゴリを持つ質的変数である。このよう

な質的変数をダミー変数として重回帰分析に投入することができる。ダミー変数は,ある属性に従って0または1の値を与えたものである。性別の場合には,女ならば1,男ならば0を与えるとダミー変数となる(属性が3つある場合は2つのダミー変数を考えることもできる)。

回帰分析では,ダミー変数と他の量的な独立変数間に交互作用があると予測される場合とされない場合ではモデルが異なる。交互作用がなければ,2つの傾きが同じで切片の異なる直線を求めることになる。

(4) 時系列データ

期を持つ時系列データは,期によって影響されることがある。この場合は回帰分析で使用する予測モデルにおいて誤差項が独立でない,ということを想定しなければならない。したがって,この講座で用いている回帰分析手法を用いることは不適当であり,誤差項の自己相関を考慮した回帰分析手法を用いて予測する必要がある。

(5) モデルの発見と検証

実証分析の基本は理論モデルと操作仮説の設定から始まる。しかしその基本からは外れるが,因果関係モデルにどのような変数を考えたら効果的かがわからない場合がある。すなわち,モデルそのものを見つけたい場合がある。また,十分考えた後に設定したモデルを検証した後に,他の変数を用いるともっと良いモデルが見つかるかもしれない,と考えることもある。それは,他のモデルを見つけるという目的の場合もあるが,設定したモデルの妥当性を確認するという目的の場合もある。このような時に,回帰分析の手法には独立変数を投入して最適なモデルを推定して出力するという機能もある。

課題 3.5　プロ野球のデータを用いて,打点を説明する回帰モデルを発見する。

第 2 部

経済活動におけるデータ分析

第4章 外部データの取り込みと Excel 基本操作

Data Analysis based ICT for All Students of the Faculty of Economics or Business

4.1 外部データの取り込み

データ分析の第1歩は、データの検索と収集である。まず、目的に沿って情報検索を行い、データを収集する。インターネット上にある外部データの種類は、さまざまである。目的の外部データが Excel ファイルであれば何も問題はないが、そうでない場合には、データファイルをダウンロードし、Excel 上で分析・処理できるファイル形式に変換しなければならない。このファイル形式を表すものに拡張子がある。拡張子を見ると、同時にそのファイルのさまざまな性質が分かる。

ここでは、拡張子について説明しておこう。

拡張子

拡張子とは、ファイル名の後ろにピリオド[.]で区切って表示されている3～4文字の英数字のことである。拡張子は、ファイルの種類や、そのファイルを実行するプログラムを表している。たとえば、拡張子が"bmp"であれば画像ファイル、"docx"であれば文書ファイルといったように、拡張子を元にファイルの種類を見分け、それぞれに対応したプログラムを実行するのである(図4.1)。

拡張子を変更したり削除したりしてしまうと、コンピュータは適切なプログラムを判断することができなくなってしまうことがある。そのため、デフォルト(初期設定)の状態では、画面に表示されない設定になっていることが多い。拡張子を表示するには、以下のように操作する。

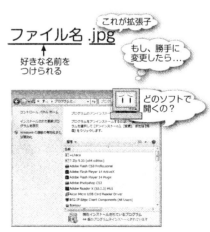

図 4.1

操作方法

① ［スタート］ボタンをクリック。表示されるウィンドウ上で［コントロールパネル］をクリックする（図4.2）。

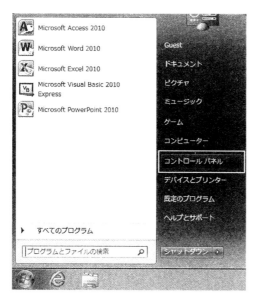

図4.2

② 表示された［コントロールパネル］ウィンドウ上の［フォルダオプション］をクリック。すると，［フォルダオプション］ウィンドウが表示される（図4.3）。

図4.3

③ ［フォルダオプション］ウィンドウの［表示］タブをクリック。→［登録されているファイルの拡張子は表示しない］のチェックマークをはずす。→［OK］ボタンを押すと拡張子が表示されるようになる（図 4.4）。

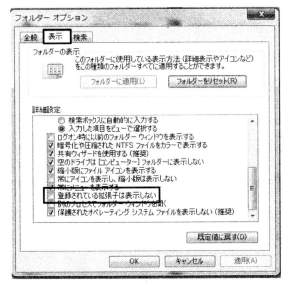

図 4.4

インターネット上の外部データは，多くの場合，拡張子が［.csv］，［.txt］，［.pdf］の 3 種類のファイルである。このうち，［.csv］ファイルは，そのまま Excel ファイルとして取り込むことができる。ここでは，［.txt］ファイルを Excel 上に取り込む方法を説明しよう。

［.txt］ファイルには，データを入力し表現する方法が，以下の 2 通りある。

（1）区切り文字で区切られたテキストファイルを読み込む。

（2）固定長のテキストファイルを読み込む。

（1）（2）のそれぞれについて，その操作方法を示しておこう。

(1) 区切り文字で区切られた[.txt]ファイルを Excel 上に取り込む

演習 4.1

図 4.5 は，ある大学で実施された情報教育に関するアンケートである。

情報教育に関するアンケート

このアンケートは，皆さんの入学後の情報教育に役立てるためのものです。各質問を読み，該当する記号を１つ選んでマークシートの回答欄にマークしてください。

(1)あなたの国籍はどちらですか？
　a: 日本国　b: 中国　c: 韓国　d: その他
(2)あなたの学科を答えてください。
　a: 法律・政治学科　b: 経済学科
(3)あなたが高校を卒業した年，または高校卒業の資格を得た年を答えてください。
　a: 2014 年3月　b: 2013 年3月　c:2012 年以前
(4)あなたの出身高校の校種を答えてください。
　a: 普通科高校　b: 商業高校　c: 工業高校　d: その他

〈コンピュータリテラシーについて〉
(5)キーボード操作ができますか？
　a: 全くできない　b: 少しできる　c: できる
(6)マウスを操作することができますか？
　a: 全くできない　b: 少しできる　c: できる
(7)コンピュータで，絵を描くことができますか？
　a: 全く描いたことが無い　b: 少し描ける　c: 描ける
(8)コンピュータやワープロで，文章を書くことができますか？
　a: 全くできない　b: 少しできる　c: できる

図 4.5

このアンケートの結果をマークシートで読み込み，テキストファイルで保存したものが図 4.6 である。ここでは，各項目の答えが区切り文字のカンマ(,)で区切られていることがわかる。

101.txt - メモ帳
ファイル(F)　編集(E)　書式(O)　表示(V)　ヘルプ(H)

```
112543127,A,A,A,A,C,C,B,C,A,A,A,A,A,A,A,B,B,A,B,A,B,B,A,A,G,A,
112543050,A,A,A,A,B,C,B,B,A,B,B,B,B,B,B,B,B,A,B,A,B,B,C,#,#,B,
112543095,A,A,A,A,C,C,C,C,A,B,B,B,B,B,B,B,B,A,B,A,A,D,A,A,G,B,
112543174,A,A,A,A,B,B,B,B,A,A,A,A,A,A,A,B,B,A,B,D,B,D,C,A,C,B,
112543124,A,A,A,D,C,C,A,C,A,B,B,B,B,B,B,B,B,A,A,A,B,D,C,#,#,B,
112543038,A,A,A,A,B,B,A,B,A,B,A,A,B,B,B,A,A,A,B,A,B,B,B,A,G,B,
112543130,A,A,A,A,C,C,A,C,A,B,B,B,B,B,B,B,B,A,B,A,B,C,B,A,G,A,
112543149,A,A,A,A,B,B,B,B,A,B,C,A,B,B,A,A,B,B,A,B,A,B,B,C,#,B,B,
112543096,A,A,A,A,C,C,A,C,A,B,B,B,B,C,B,B,A,A,B,A,B,B,B,A,C,B,
112543203,A,A,A,A,B,C,A,A,A,A,A,A,A,B,A,B,B,B,A,B,A,B,D,B,A,G,B,
112543196,A,A,B,A,C,C,B,C,A,C,C,C,B,B,B,B,B,A,B,A,B,B,A,A,F,A,
112543013,A,A,A,A,B,C,B,C,A,B,A,A,B,B,A,A,B,B,A,B,A,B,B,B,A,C,B,
112543141,A,A,A,A,B,C,C,C,A,B,A,A,B,A,A,A,B,B,A,B,A,B,B,B,A,C,B,
112543035,A,A,A,A,C,C,A,C,A,B,B,A,B,A,A,B,B,B,A,B,C,A,B,B,A,G,A,
112543109,A,A,A,A,C,C,C,C,A,B,B,A,B,C,B,B,A,A,A,B,A,A,C,A,A,G,A,
112543156,A,A,C,D,C,C,A,C,A,C,C,B,B,C,B,C,B,B,A,B,A,B,C,A,A,G,A,
112543193,A,A,B,A,C,C,B,C,A,B,B,B,B,B,B,B,B,A,B,A,B,B,B,A,F,A,
112543164,A,A,A,C,B,C,B,C,C,A,A,A,A,A,A,A,A,A,A,#,B,B,B,G,C,A,
112543042,A,A,B,D,B,C,B,C,A,A,A,A,A,A,A,A,B,B,A,B,A,B,B,B,A,F,B,
112543082,A,A,A,A,B,C,A,B,A,A,A,A,A,A,A,A,A,A,B,A,B,C,B,B,F,A,
112543056,A,A,A,D,B,C,B,C,A,B,B,B,B,C,C,B,B,B,A,B,B,B,C,B,A,F,B,
112543052,A,A,A,A,B,C,A,B,B,A,B,A,A,B,B,A,B,B,A,B,A,B,C,B,A,G,B,
```

図 4.6

このようなカンマ(,)で区切られたテキストファイルを Excel 上に読み込もう。

カンマ区切りのテキストファイルのデータを読み込むには，以下のように操作する。

操作方法

① [ファイル]→[開く]をクリック。ここで，目的の[.txt]ファイルを選択し，[開く]ボタンをクリックする。

(!) 注　[データ]タブ→[外部データの取り込み]グループ→[テキストファイル]ボタン(図4.7)→表示された[テキストファイルのインポート]ウィンドウ上で，目的のファイルを指定して[インポート]ボタンをクリックする，としても良い。

図4.7

② [テキストファイルウィザード1/3]ウィンドウが表示される(図4.8)。→[元のデータの形式]の選択で[カンマやタブなどの区切り文字によってフィールドごとに区切られたデータ(D)]を選択し，[次へ]ボタンをクリック。

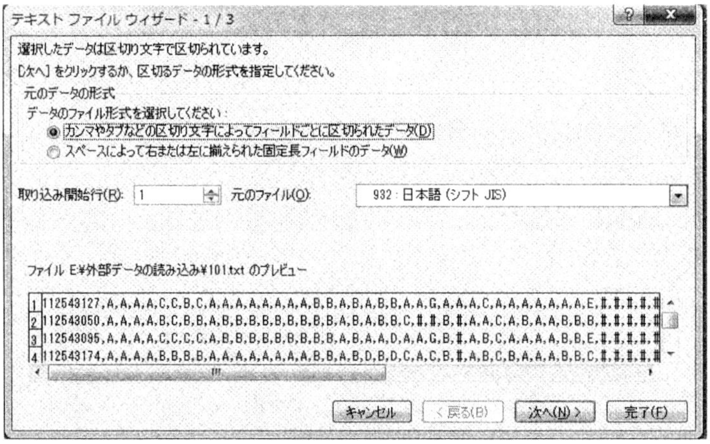

図4.8

③ [テキストファイルウィザード 2/3]ウィンドウ(図 4.9)が表示される。

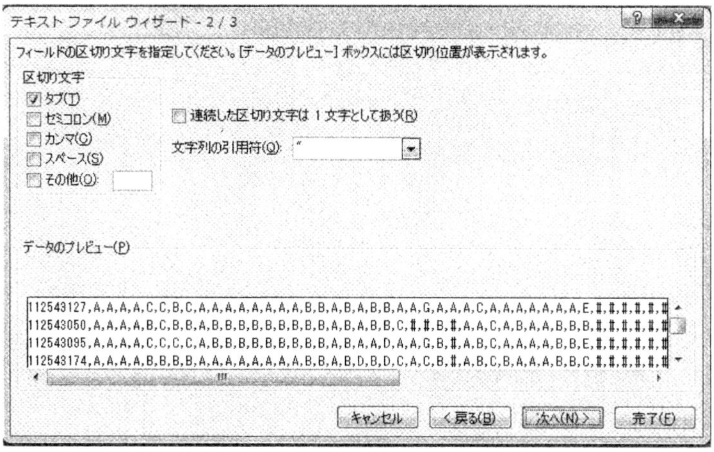

図 4.9

図 4.9 の画面で, [区切り文字]の[タブ(T)]のチェックをはずし, [カンマ(C)]にチェックマークを入れる。すると, 図 4.10 のようにカンマで区切られていたデータが, 縦線で区切られ, 列ごとのデータに分けられる。→[次へ]ボタンをクリック。

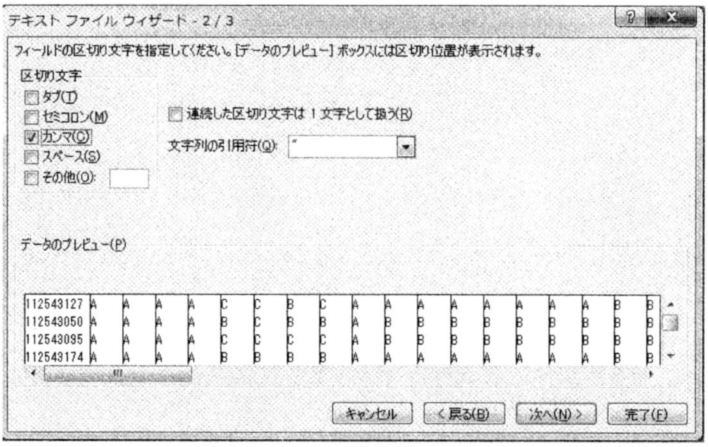

図 4.10

④［テキストファイルウィザード3/3］ウィンドウが表示される（図4.11）。

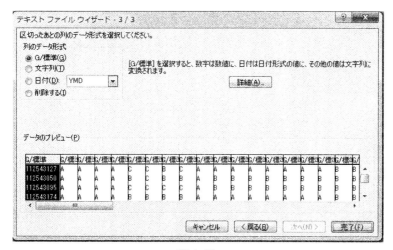

図4.11

［列のデータ形式］で，［G/標準(G)］を選択。→［完了］ボタンをクリック。すると，図4.12のようなExcelファイルに変換される。

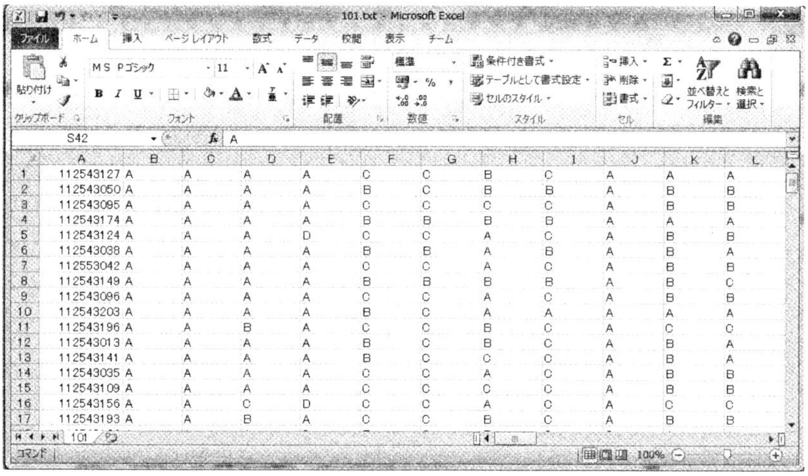

図4.12

（2）　固定長の［.txt］ファイルをExcel上に取り込む

テキストデータが(1)のようにカンマ(,)等で区切られているのではなく，固定長の場合は，以下のように操作する。固定長の場合は，図4.15に見られるように，データとデータとの間にスペースやタブが入力されている場合が多い。

演習 4.2

固定長のテキストファイルを Excel 上に取り込もう。

操作方法

① ［ファイル］→［開く］をクリック。［.txt］ファイルを選択し，［開く］ボタンをクリックすると，図 4.13 のような［テキストファイルウィザード 1/3］ウィンドウが表示される。

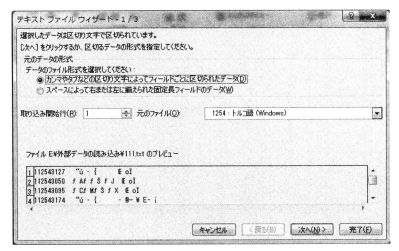

図 4.13

② ［テキストファイルウィザード 1/3］ウィンドウで，［スペースによって右または左に揃えられた固定長フィールドのデータ(W)］を選択。→文字コードの選択で，［日本語（シフト JIS）］を選択→［次へ］ボタンをクリックする（図 4.14）。

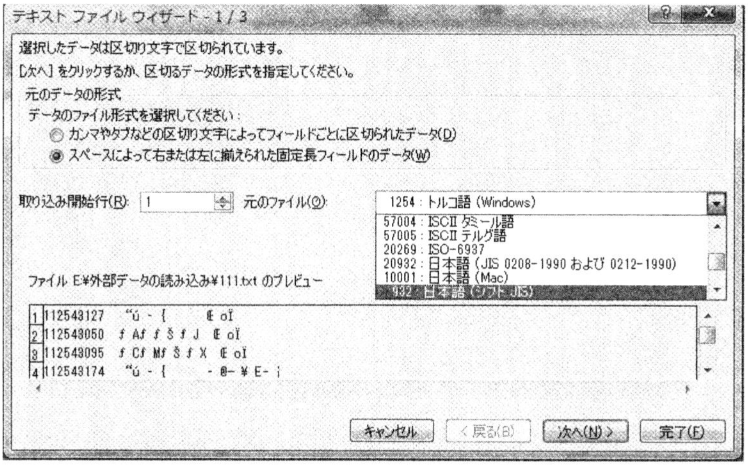

図 4.14

③ [テキストファイルウィザード 2/3] ウィンドウのデータのプレビューで，区切り位置を確認し，必要に応じて修正する。[次へ] ボタンをクリックする（図 4.15）。
この時の区切り線の修正方法は，以下のようである。

区切り線の修正方法
- 区切り線の移動：区切り線をドラッグする。
- 区切り線の削除：区切り線をダブルクリックする。
- 区切り線の追加：区切り線をクリックする。

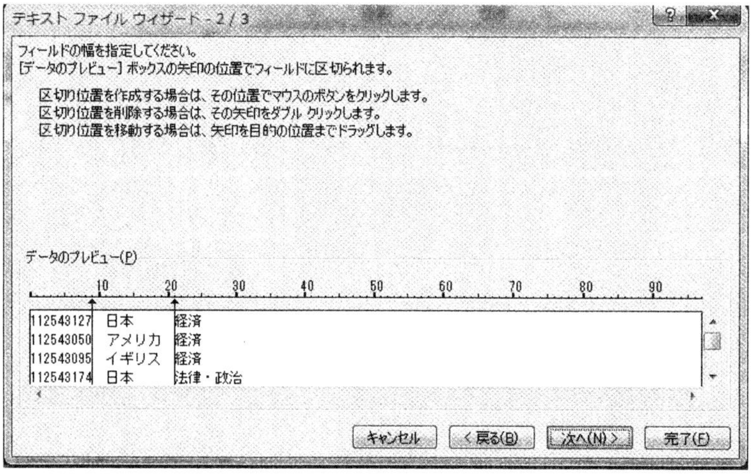

図 4.15

④ [テキストファイルウィザード 3/3] ウィンドウで，[区切ったあとの列のデータ形式] で，[G/標準(G)] を選択。→[完了] ボタンをクリックする（図 4.16）。

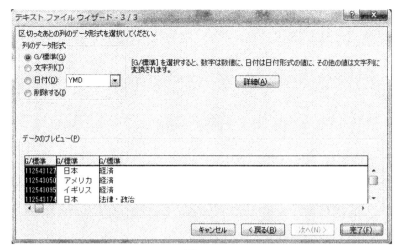

図 4.16

すると，以下のように Excel 上のファイルとして表示される（図 4.17）。

図 4.17

4.2 表の作成と編集

ここでは,文字や数字の入力・編集,関数,シートの取り扱い等の Excel 操作について簡単に練習しよう。

演習 4.3

次の表 4.1 を基に,表 4.2 を作成・編集しよう。

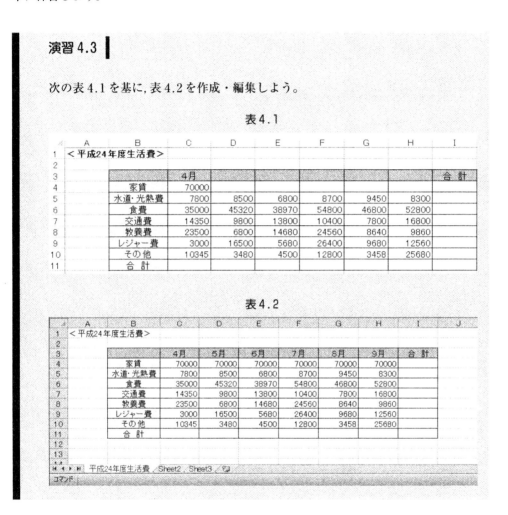

表 4.1

表 4.2

(1) 表の作成と編集方法

操作方法

① 表4.1のC3セルに「4月」と入力したら,オートフィル(連続データの入力機能)を用いて「9月」まで入力する。即ち,「4月」と入力されたセルを選択し,右下隅にカーソルを合わせカーソルの形が「+」になったところで,右にドラッグする。

> 注　オートフィルで連続データとみなされるデータは，年月日，干支などがあるが，[基本設定]，[Excel の使用に関する基本オプション]の[ユーザー設定リストの編集]をクリックすると，その一覧が示されている。

② C4 セル「家賃」の 70000 を右にコピーする。

「水道・光熱費」の項目では，B列とC列のセルの境界線をダブルクリックして，セル幅を調整する。

③ 半角英数で，「合計」以外の各セルに数字を入力する。

④ セルの書式設定

生活費の各項目と，[4月]～[9月]のセルに入力された文字を中央寄せにし，フォントや文字サイズを変更する(図 4.18)。

図 4.18

> 注　セルの書式設定(配置)に関するツールは，[リボン]→[ホーム]タブ→[フォント]グループまたは[配置]グループに用意されている。

(2) 合計金額を算出してみよう。

■ Step 1 ■　各月の生活費合計を求めよう　―オート SUM の利用―

操作方法

⑤ 4月分の生活費の各項目のセル(C4～C10)をドラッグして範囲選択をし，[リボン]の[数式]タブ→[関数ライブラリ]グループ→[オート SUM]ボタンをクリックする。すると，範囲選択されたセルの値の合計が，C11 セルに表示される(図 4.19)。

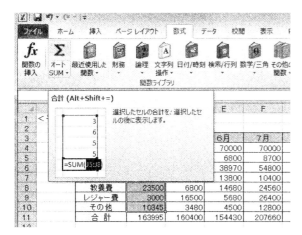

図 4.19

⑥ ⑤の結果のセル(C11)を，右にコピーして9月分までの各月の合計金額を表示する（図4.20）。

A	B	C	D	E	F	G	H	I
<平成24年度生活費>								
		4月	5月	6月	7月	8月	9月	合計
	家賃	70000	70000	70000	70000	70000	70000	
	水道・光熱費	7800	8500	6800	8700	9450	8300	
	食費	35000	45320	38970	54800	46800	52800	
	交通費	14350	9800	13800	10400	7800	16800	
	教養費	23500	6800	14680	24560	8640	9860	
	レジャー費	3000	16500	5680	26400	9680	12560	
	その他	10345	3480	4500	12800	3458	25680	
	合計	163995	160400					

図 4.20

■ Step 2 ■　各内訳経費の4月〜9月の合計を求めよう。　—オートSUMの利用—

操作方法

⑦ 家賃の，4月分(C4セル)から9月分(H4セル)までドラッグして範囲選択する。⑤と同様の手順で，[オートSUM]ボタンをクリックすると，範囲選択されたセルの値の合計が，I4セルに表示される。

⑧ ⑦の結果のセル(I4)を，下にコピーして生活費の各内訳項目ごとの半年分の合計金額を表示する(図4.21)。

図 4.21

(3) シートの挿入, コピー, 削除, 移動

演習 4.4

表 4.3 のような, 平成 24 年度〜平成 26 年度のシートを作成しよう。

表 4.3

操作方法

① 「平成 24 年度生活費」のシートを, 3 枚コピーする (図 4.22)。
シートをコピーするには, [Ctrl] キーを押しながら, シート見出しを一旦, 上にドラッグし, マウスポインタの形が, ▯ に変わったところで, 移したい位置でドロップする。

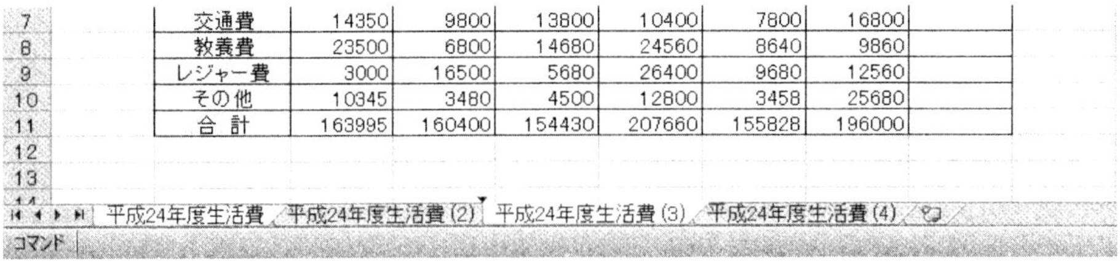

7		交通費	14350	9800	13800	10400	7800	16800	
8		教養費	23500	6800	14680	24560	8640	9860	
9		レジャー費	3000	16500	5680	26400	9680	12560	
10		その他	10345	3480	4500	12800	3458	25680	
11		合 計	163995	160400	154430	207660	155828	196000	

平成24年度生活費 / 平成24年度生活費(2) / 平成24年度生活費(3) / 平成24年度生活費(4)

図4.22

> **注** コピーされたシートには，[平成24年度生活費(2)]というシート名が付けられている。

② 「平成24年度生活費(2)」のシート名を，「平成25年度生活費」と書き換える。すなわち，「平成24年度生活費(2)」のシート名をマウスオーバーし，ポップアップウィンドウのメニューから，「名前の変更(R)」をクリックして，シート名を「平成25年度生活費」と変更する(図4.23)。

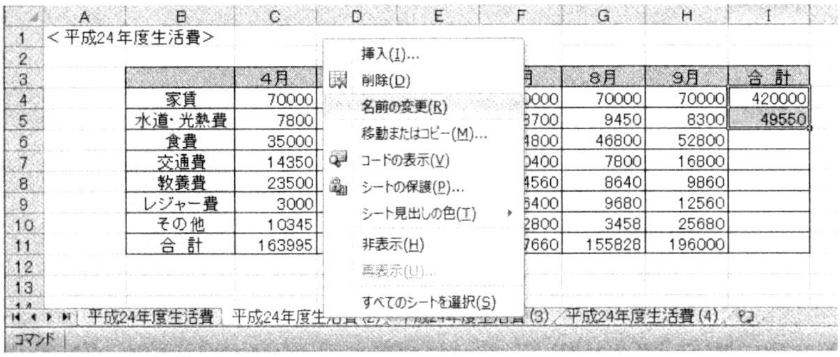

図4.23

同様に「平成24年度生活費(3)」のシート名を「平成26年度生活費」，「平成24年度生活費(4)」を「3か年合計」と書き換える。

③ 「平成25年度生活費」のシートをクリックして開く。

A1セルの，「平成24年度生活費」を「平成25年度生活費」とし，各項目のセルの値を，適当に変更する。「平成26年度生活費」においても，同様の操作を行う。

④ [3か年合計]のシートを開く。

A1セルの，「平成24年度生活費」を「3か年合計」と書き換え，C4セルからI14セルまでをドラッグして範囲指定し，[Del]キーを押す。つまり，各項目の数値を消す(図4.24)。

―― シートの取り扱い ――
- シートの移動：シートを移動するには，シート見出しを一旦上にドラッグし，マウスポインタの形が，☐に変わったところで，移したい位置でドロップする。
- シートの削除：シートを削除するには，シート見出しで右クリックし，表示されるメニューから，削除をクリック。
- シート名の変更：シート名を変更するには，シート見出しをダブルクリックしても良い

（4） 計算式の挿入 ―シートを超えた計算式の取り扱い―

ここでは，シートを超えた計算式の取り扱い方法について学ぶ。上の例題の［3か年合計］のシートに，平成24年度から26年度までの3か年の合計を算出してみよう。

演習4.5 　3か年の合計を計算する。 ―シートを超えた計算―

［3か年合計］のシートを開き，平成24年度から平成26年度までの，各内訳項目の合計金額を算出してみよう（図4.24）

図4.24

操作方法

初めに，4月分家賃の合計を算出してみよう。
① まず，「3か年合計」のシートを開き，4月分家賃（C4セル）をダブルクリックして入力状態にする。
② 半角英数で［＝］を入力。
③ 「平成24年度生活費」シートをクリックして開き，4月分家賃のセル（C4）をクリック。次に，キーボードから［＋］を入力する。
④ 「平成25年度生活費」シートをクリック。4月分家賃のセル（C4）をクリックして，キーボードから［＋］を入力。

⑤ 同様に，平成 26 年度の 4 月分家賃のセル（C4）をクリック。最後に［Enter］キーを押す。

「3 か年合計」シートの 4 月分家賃のセルに，平成 24 年度から 26 年度までの合計金額が表示されていることを確認すること（図 4.24）。

注 • ［=］を入力すると，以下計算式が入るという意味になる。
• 上の［f_x］バーに注目すること。計算式は［f_x］バーに表示される。計算式を［f_x］バーに直接書き込んでも良い。

⑥ ⑤で作成した，4月分家賃のセル（C4セル）を，合計のセル（I4セル）までコピーする。

⑦ 家賃のセルが表示されたら，計算結果が正しいことを確認。家賃のセル群（C4～I4）を下の項目にコピーする（図 4.25）。

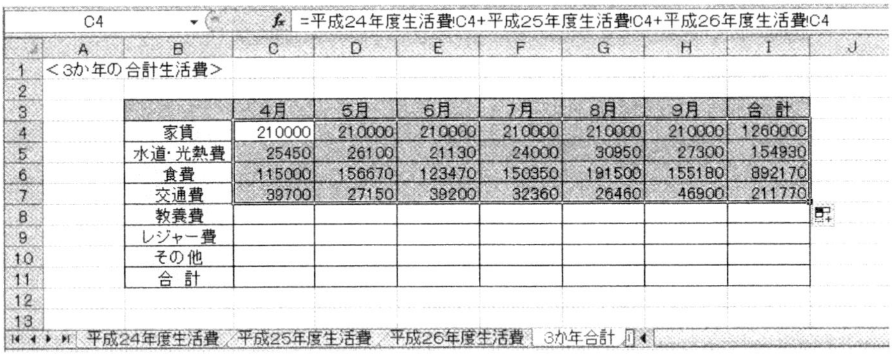

	4月	5月	6月	7月	8月	9月	合 計
家賃	210000	210000	210000	210000	210000	210000	1260000
水道・光熱費	25450	26100	21130	24000	30950	27300	154930
食費	115000	156670	123470	150350	191500	155180	892170
交通費	39700	27150	39200	32360	26460	46900	211770
教養費							
レジャー費							
その他							
合 計							

図 4.25

すると，図 4.25 のように，平成 24 年度から 26 年度までの各内訳項目の 3 か年の合計が算出されたシートが作成される。

課題 4.1

上述の 3 か年合計シートを参考にして，平成 24 年度の生活費を基準（100）とした時の平成 25 年度生活費を，指数で表すシートを作成しなさい。

▶▶▶ヒント

① 3 か年合計シートをコピーして，データを消去する。

② 新しくできたシートのシート名を「平成 25 年度推移」とする。

③ C4 セルに入力する数式は，［= 平成 25 年度生活費 !C4/ 平成 24 年度生活費 !C4*100］である。

課題 4.2

シート 1 に,以下の表を作成し,合計金額を求めよう。さらに,シート 2,3 にシート 1 をコピーして,11 月,12 月の販売表を作成しよう(表 4.4)。以下の(1)(2)の問に答えなさい。

表 4.4

練習			
日付	販売者	販売地域	金額
10月14日	宮本	東京	750
10月15日	千葉	東京	120
10月16日	与那嶺	那覇	350
10月17日	千葉	東京	1200
10月18日	川上	横浜	120
10月19日	与那嶺	那覇	150
10月20日	川上	横浜	180
10月21日	宮本	東京	250
10月22日	青田	大阪	750
10月23日	与那嶺	那覇	350
10月24日	森	名古屋	1200
10月25日	森	名古屋	120
10月26日	青田	大阪	450
合計			

(1) 演習 4.5 と同様に,3 か月合計のシートを作成しなさい。
(2) 同様に,10 月分の販売金額を基準(100)とした時の 11 月分の販売金額を,指数で表すシートを作成しなさい。

4.3 相対参照／絶対参照／複合参照

数式や関数を利用する際には，セルに入力された値を対象とする。セルを参照する方法には，相対参照，絶対参照，複合参照の 3 通りの方法がある。その内，相対参照とは，数式が入力されているセルを基点として，対象となるセルの位置を相対的な位置関係で指定する参照方法であり，絶対参照とは，対象となるセルの位置を固定する参照方法である。さらに，複合参照とは，相対参照と絶対参照を組み合わせた参照方式である。以下，例を挙げて具体的に説明する。

(1) 絶対参照

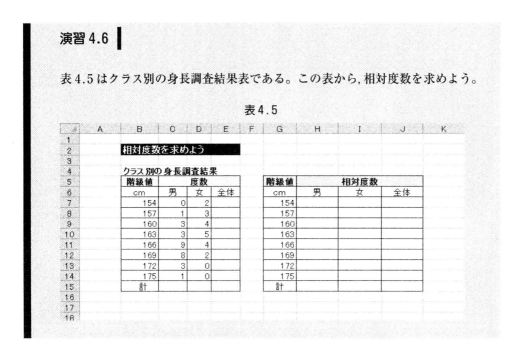

演習 4.6

表 4.5 はクラス別の身長調査結果表である。この表から，相対度数を求めよう。

■Step 1■ 絶対参照の説明に入る前に，クラス別の身長調査結果（表 4.5）で，全体の合計人数（全体の項目）を算出しておこう。

操作方法

① C7 セルから C14 セルまでをドラッグして，範囲指定する。
② ［リボン］→［数式］タブ→［関数ライブラリ］グループ→［オート SUM］ボタンをクリック。
③ C15 セルに合計が表示されるので，C15 セルを D15 セルまでドラッグして，コピー

する。
④ ①～③と同様の操作を行に適用して，E7セルの値を求め，下にE15セルまでコピーする。

■ Step 2 ■　今度は，相対度数を求めよう。

それでは，絶対参照の説明に入ろう。

相対度数とは，その階級の全体に対する割合である。つまり，相対度数の表のH7セルには，C7の値（階級値）を，今求めたC15の値（全体の合計）で割った値が表示されなければならない。

操作方法

① H7セルをダブルクリック。
② キーボードから，半角英数で，[=]を入力。続いてC7セルをクリック。[/]を入力。C15セルをクリック。
　●ためしに，H7セルを下にそのままH15セルまで，コピーしてみよう。[#DIV/0!]という，エラーメッセージが表示されるであろう。[#DIV/0!]とは，割り算時のエラーで，分母が0（ゼロ）になっていることを示している。
　つまり，C15セルは固定して計算する必要がある。C15セルを固定して参照するには[$C$15]と入力する。このように，行も列も固定する参照の仕方を絶対参照という。そこで，②をやり直すと，

②のやり直し
　半角英数で，[=]を入力→C7セルをクリック→[/]を入力→C15セルをクリック→ファンクションキーの[F4]キーを押す。すると，C15セルが絶対指定される。このように固定する行や列には，その行や列の前に$マークを付ける。

③ H7セルをクリック。そのまま下にH15セルまでドラッグしてコピーする。

同様に「女」・「全体」の相対度数を求めよう。

▶▶▶ヒント
「女」の相対度数を求めるには，I7セルに[=D7/$D$15]を入力して，I15セルまでコピーする。
「全体」の相対度数を求めるには，J7セルに[=E7/$E$15]を入力して，J15セルまでコピーする。

> 注 複合参照の利用(p.113)
> 上記操作方法①で, H7セルに[=C7/C$15]と入力すれば, 以下のようなコピー操作で, すべての相対度数が求められる。
> ① H7セルをH15セルまでコピーする。
> ② そのまま, J15までコピーする。

(2) 相対参照／絶対参照／複合参照

演習 4.7

下図4.26で, 操作方法①～④通りに操作してみよう。それぞれの参照方法の相違がわかるであろう。

操作方法

① D6セルに, [=A1]と入力。D6セルを, 右と下にそれぞれコピーしてみよう。
② ①と同様に, D9セルに[=$A1]と入力。右と下にコピーしてみよう。
③ ①と同様に, D12セルに[=A$1]と入力。右と下にコピーしてみよう。
④ ①と同様に, D16セルに[=$A$1]と入力。右と下にコピーしてみよう。

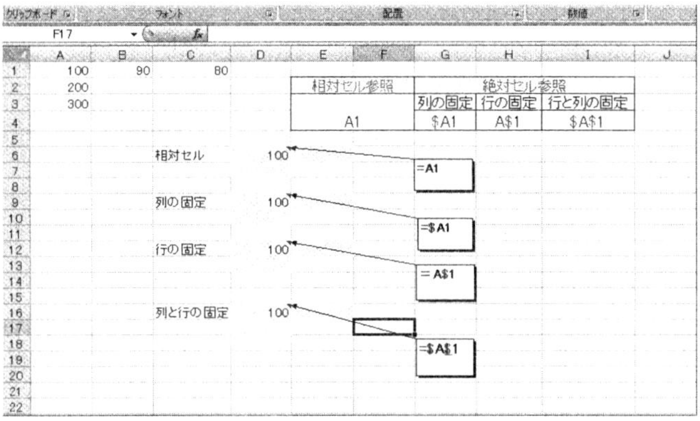

図 4.26

操作結果として, 以下の図4.27のような数字が表示されたであろうか？

① E6セルに90, D7セルに200と表示される：このような参照の仕方を, 相対セルまたは**相対参照**という。
② E9セルに100, D10セルに200と表示される：この場合の参照では, 列のみが固定されている。このように行または列のみが固定されているような参照の仕方を**複合参照**と

いう。

③ E12セルに90, D13セルに100と表示される：この場合の参照では，行のみが固定されている。**複合参照**である。

④ E16セルに100, D17セルに100と表示される：この場合の参照では，列と行の両方が固定されている。このような参照を**絶対参照**という。

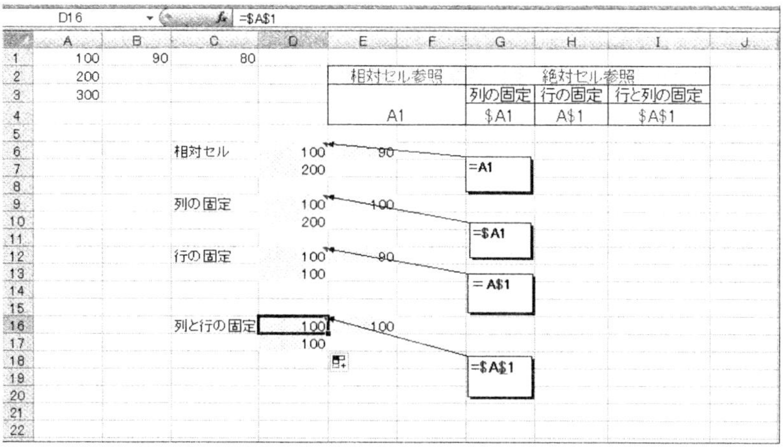

図 4.27

数式を入力したセルをコピーする際には，計算の対象となるセルを参照する必要があるが，その際には，このように，列のみを固定したり，行のみを固定させたり，また列と行双方を固定させたりして参照することができる。

> **(!) 注：重要**
> - $のついた行や列が固定される。
> - [F4]キーの操作：[F4]キーを何回か押すと，以下のように，$の表示が入れ替わる。
>   ① 列と行が相対参照（初期状態）　例：A1
>   ② F4を一回押す　列と行が固定　例　$A$1
>   ③ F4をさらに押す　行のみ固定　例　A$1
>   ④ F4をさらに押す　列のみ固定　例　$A1
>   ⑤ F4をさらに押すと初めの初期状態に戻る。

(3) 複合参照

課題4.3

表4.6を完成させよう。列や行をどのように固定させたら良いだろうか？

表 4.6

	A	B	C	D	E	F	G	H
1								
2		複合参照の利用						
3								
4		商品価格	10%	20%	30%	40%	50%	
5		100						
6		200						
7		300						
8		400						
9		500						
10		600						
11		700						
12		800						
13		900						
14		1000						
15								
16								
17								

▶▶▶ [操作方法] のヒント

① C5セルの計算式は，もともと B5*C4 である。
② 下にコピーするには，C4の行を固定する必要がある。
③ 横にコピーするには，B5の列を固定する必要がある。

　答え　C5セルに[=$B5*C$4]を入力する。

課題 4.4

かけ算の九九表を作成せよ（表 4.7）。

表 4.7

複合参照練習　乗算の九九表									
	1	2	3	4	5	6	7	8	9
1									
2									
3									
4									
5									
6									
7									
8									
9									

第 5 章 さまざまな経済活動

Data Analysis based ICT for All Students of the Faculty of Economics or Business

5.1 ABC 分析とパレート図

2：8 の法則

2：8 の法則とは,「パレートの法則」とも言う。イタリアのパレートという経済学者が 19 世紀のイギリスにおける所得と資産分布を調査したところ, 20％の富裕層にイギリス全体の資産総額の80％が集中し, この現象は継続して繰返されることを発見した法則である。

この法則は資産分配の例だけでなく, 多くの経済活動でよくあてはまることが経験的に知られている。つまり, パレートの法則とは「結果の80％が全要素の20％によってもたらされる」という経験則である。たとえば,

- 売上高の80％は, 全商品の20％で占められている。
- 売上高の80％は, 全顧客の20％に依存している。
- 不良原因の80％は, 全要因の20％に起因している。

といったもので, 実際, 経済や流通・社会でよく見られる現象である。

たとえば, 10種類の商品を扱っている企業があるとする。この企業は2つのヒット商品を持っていて, その2つで全売上高の80％を占めているとする。このような場合の経営戦略としては, すべての商品に同様に投資することは得策ではない。売上高の高い順にランキングし, 売れ筋のAランク商品には, 人材・設備・資金等を重点的に投入し, Bランクの商品に対してはやや控えめ, Cランク商品に対してはコストを削減するといった戦略を立てることが望ましい。しかし, ヒット商品にばかり頼った経営戦略を打ち出していると, ヒット商品が市場から衰退した時に大きな打撃を受けてしまう。そのため, Bランク及びCランクの商品においても, 次のヒット商品を生み出すための商品開発を行うことが重要である。経営戦略を打ち出す時には, さまざまな側面を考慮し打ち出さねばならない。

このような，要素や項目の重要度や優先度を明らかにする分析方法として ABC 分析がある。主に売上げ戦略や在庫管理，販売管理などに有効で，経営戦略のあらゆる面で活用されている。ABC 分析は，パレート図をツールとして以下の手順で行う。

ABC 分析の手順

1. 要素または項目の大きい順に並び替える。
2. 要素または項目の合計を算出し，それぞれの構成比及び累積構成比（％）を算出する。
3. 累積構成比を基に，要素または項目を A・B・C の 3 つのクラスに区分する。
   一般に，ABC の区分は，上記 2：8 の法則を反映させ，累計構成比の上位から，70〜80％を A クラス，80〜90％を B クラス，90〜100％を C クラスとすることが多いが，何％ごとに分けるかはその特性によるところが大きい。
4. 上記 3 の結果を基に，パレート図を作成する。

> 注　パレート図については，p.123 図 5.12 を参照のこと。ABC 分析では，パレート図を必ず用いるため，ABC 分析はパレート分析とも呼ばれる。

以下の図 5.1 および図 5.2 は，ある会社の商品別売上高について ABC 分析を行った結果を，パレート図で表したものである。

このパレート図では，横軸に商品名，縦軸の主軸に売上高，第 2 軸に，累積構成比を取り，売上高を棒グラフ，累積構成比を折れ線グラフで表している。

集中型　　　　　　　　　　　　分散型

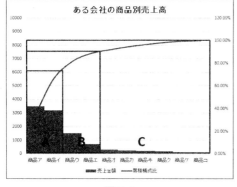

図 5.1

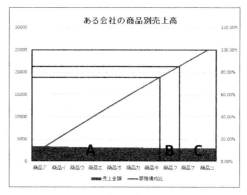

図 5.2

図 5.1 の ABC 分析結果では，A ランクの商品が少なく，一部の売れ筋商品に頼っている状態がわかる。いわば，売上高が一部の商品に集中している集中型である。また図 5.2 では，各商品の売上高に差がなく，ヒット商品がない状態が見て取れる。つまり，売れ筋商品がいくつもの商品に分散している分散型であると言える。

では，実際に ABC 分析を行い，パレート図を描いてみよう。

演習 5.1

表 5.1 は, 山田化学薬品会社の商品別売上高を示したものである。表 5.1 から構成比, 構成比累計, ランクを求めて表 5.2 を作成しなさい。

表 5.1

	A	B	C	D	E
1	商品名	売上金額	構成比	構成比累計	ランク
2	アセトン	854000			
3	エタノール	513000			
4	クエン酸	712600			
5	グリセリン	716400			
6	トレハロース	1248000			
7	ベンジン	309520			
8	酢酸	558800			
9	炭酸カルシウム	425580			
10	売上合計				

表 5.2

	A	B	C	D	E
1	商品名	売上金額	構成比	構成比累計	ランク
2	トレハロース	1248000	23.4%	23.4%	A
3	アセトン	854000	16.0%	39.4%	A
4	グリセリン	716400	13.4%	52.8%	A
5	クエン酸	712600	13.3%	66.1%	B
6	酢酸	558800	10.5%	76.6%	B
7	エタノール	513000	9.6%	86.2%	B
8	炭酸カルシウム	425580	8.0%	94.2%	C
9	ベンジン	309520	5.8%	100.0%	C
10	売上合計	5337900	100.0%		

▶▶▶ヒント

① 売上金額を, 売上高の高い順(降順)に並べ替える。
② B10 セルに, 売上合計を求める。
③ B10 セルを複合参照して, 構成比を求める。
④ 構成比の累計を求める。D2 セルに [=SUM(C$2:C2)] を入力する。

　　⚠ 注　D2 セルに [=C2] として, D3 セルに [=D2+C3] を入力してもよい。

⑤ IF 文を用いて, ランクを決定する。ランクの基準は
　　構成比累計が 60% 未満ならば, A
　　構成比累計が 60% 以上, かつ 80% 未満ならば, B
　　構成比累計が 80% 以上であれば, C
とする。

IF文は，ネスト構造を用いる。すなわち，E2セルに[=IF(D2<0.6,"A",IF(D2<0.9,"B","C"))]と入力する。

> 注　関数のネストの操作方法については，p.128 課題5.5を参照してください。

演習 5.2

表5.3を基にABC分析を行ない，パレート図（図5.13）を作成しよう。

表5.3

	A	B	C	D	E
1	商品名	売上金額	構成比	構成比累計	ランク
2	トレハロース	1248000	23.4%	23.4%	A
3	アセトン	854000	16.0%	39.4%	A
4	グリセリン	716400	13.4%	52.8%	A
5	クエン酸	712600	13.3%	66.1%	B
6	酢酸	558800	10.5%	76.6%	B
7	エタノール	513000	9.6%	86.2%	B
8	炭酸カルシウム	425580	8.0%	94.2%	C
9	ベンジン	309520	5.8%	100.0%	C
10	売上合計	5337900	100.0%		

操作方法

■ Step1 ■　集合縦棒グラフを描き，タイトル，ラベルを整える。

① 表5.3のA1セル～B9セルをドラッグして範囲指定する。さらに[Ctrl]キーを押しながら，D1セル～D9セルを範囲指定する（図5.3）。

	A	B	C	D	E
1	商品名	売上金額	構成比	構成比累計	ランク
2	トレハロース	1248000	23.4%	23.4%	A
3	アセトン	854000	16.0%	39.4%	A
4	グリセリン	716400	13.4%	52.8%	A
5	クエン酸	712600	13.3%	66.1%	B
6	酢酸	558800	10.5%	76.6%	B
7	エタノール	513000	9.6%	86.2%	B
8	炭酸カルシウム	425580	8.0%	94.2%	C
9	ベンジン	309520	5.8%	100.0%	C
10	売上合計	5337900	100.0%		

図5.3

② ［挿入］→［グラフ］→［2D縦棒］→［集合縦棒］をクリック。
すると，図5.4のようなグラフが描ける。

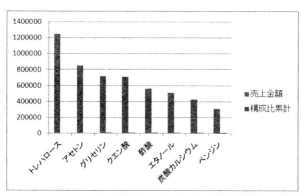

図 5.4

③ 図 5.4 のグラフを加工して，グラフを整える（図 5.5）。
 • 横（項目）軸ラベルを縦書きにする。
   横軸ラベルをクリック→さらに右クリック。表示された［軸の書式設定］ダイアログボックス上で→［配置］→文字列の方向を［縦書き］を選択する。
 • タイトルを入れる。
   ［グラフ］ツール→［レイアウト］タブ→［グラフタイトル］→［グラフの上］を選択。タイトルに「山田化学薬品の商品別売上高と構成比累計」と入力する（図 5.5）。

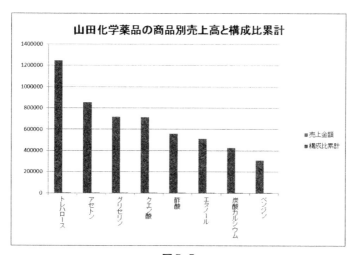

図 5.5

■Step2■　構成比累計を，第 2 軸として設定する。
① ［グラフ］ツール→［レイアウト］タブ→［現在の選択範囲］グループ→［グラフエリア］の▼ボタンをクリック→［系列"構成比累計"］をクリック。
② グラフ上で，選択された構成比累計をマウスオーバーさせて，右クリック。

(!) 注　［グラフ］ツール→［レイアウト］タブ→［現在の選択範囲］グループ→［選択対象の書式設定］をクリックしても良い。

③ 表示されたダイアログボックスで[データ系列の書式設定]→[系列のオプション]→[使用する軸]→[第2軸]→[OK]ボタンをクリック(図5.6)。

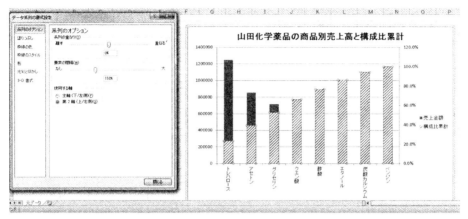

図5.6

すると,図5.7のようなグラフが得られる。

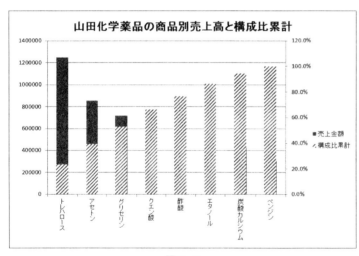

図5.7

次に,[構成比累計]の棒グラフの種類を変更して,折れ線グラフとする(図5.9)。
④ グラフ上で[構成比累計]の棒グラフをクリック。さらに右クリック。
⑤ 表示されたウィンドウ上で[系列グラフの種類の変更]→[マーカー付折れ線]をクリック(図5.8)。

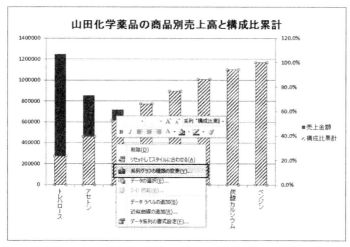

図5.8

すると図5.9のようなグラフが得られる。

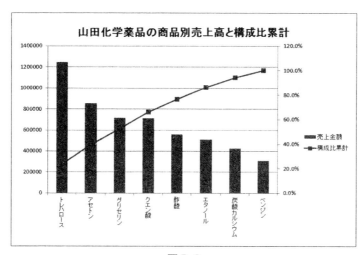

図5.9

⑥ 構成比累計の折れ線グラフを整える。すなわち，構成比累計の折れ線グラフをクリックし，さらに右クリックする。→表示されたウィンドウで，[データ系列の書式設定]→[マーカーのオプション]→[組込み]をクリックする。

　　種類：●
　　サイズ：4　　と入力する（図5.10）。

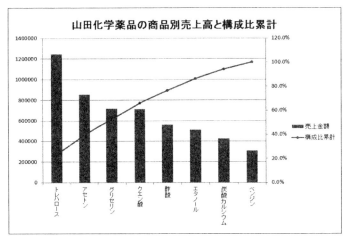

図 5.10

■Step3■　パレート図(図 5.12)を描く

① 売上合計の棒グラフをクリック。さらに右クリック。
② 表示されたダイアログ上で[データ系列の書式設定]→[系列のオプション]→[要素の間隔]のスケールバーをドラッグして「なし」にする。→[閉じる]ボタンをクリック。
③ 売上合計が 5337900 なので,縦軸の目盛の最大値を 5400000 に調整する(図 5.11)。すなわち,縦軸をクリック。さらに右クリック。→[軸の書式設定]→[軸のオプション]をクリックする。

　　最小値：[固定(F)]ボタンをマークし「0」を入力
　　最大値：[固定(I)]ボタンをマークし「5400000」と入力する。

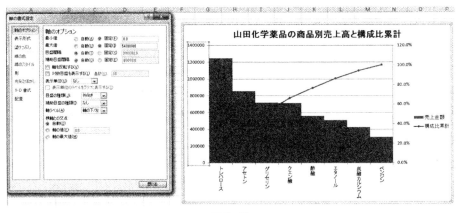

図 5.11

すると,図 5.12 のようなグラフが得られる。このようなグラフをパレート図という。

一般に,パレート図とは,項目別に集計したデータを数値の大きい順(降順)に並べた棒グラフとその累積値の割合を折れ線グラフで表したグラフをいう。ABC分析では,パレート図を必ず用いるため,ABC分析はパレート分析とも呼ばれる。

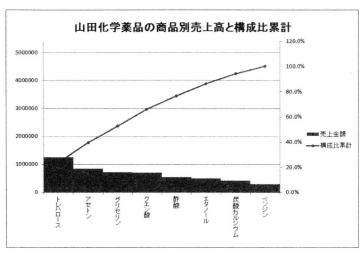

図5.12　パレート図

■ Step4 ■　ABC分析を行い,項目をABCランクに区分する(図5.13)
　第2軸の構成比累計を見ながら,80%,60%をマークして,相当する商品をA, B, Cランクに区分する。

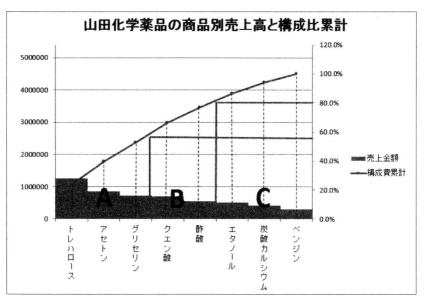

図5.13

課題 5.1

表 5.4 について，(1)，(2) の問いに従って，表やグラフを作成しなさい．

表 5.4

	A	B	C	D	E	F
1	ある会社の商品別売上高(単位万円)					
2	データ番号	商品目	売上金額	構成比	累積構成比	区分
3	1	商品ア	3500			
4	2	商品イ	3210			
5	3	商品ウ	1520			
6	4	商品エ	720			
7	5	商品オ	320			
8	6	商品カ	260			
9	7	商品キ	210			
10	8	商品ク	180			
11	9	商品ケ	120			
12	10	商品コ	50			
13	合計		10090			

(1) 表 5.4 で，構成比，累積構成比，区分を求めなさい．区分については，累積構成比が 70％までを A ランク，70％を超えて 90％までを B，それより大きい場合を C ランクとしなさい．

(2) (1) を基に，パレート図を描きなさい．

課題 5.2

表 5.5 について，(1)，(2)，(3) の問いに従って答えなさい．

表 5.5

	A	B	C	D	E	F
1	ある会社の商品別売上高(単位万円)					
2	データ番号	商品目	売上金額	構成比	累積構成比	区分
3	1	商品ア	3500			
4	2	商品イ	3400			
5	3	商品ウ	3300			
6	4	商品エ	3250			
7	5	商品オ	3200			
8	6	商品カ	3200			
9	7	商品キ	3100			
10	8	商品ク	3050			
11	9	商品ケ	3000			
12	10	商品コ	3000			
13	合計		32000			

(1) 表 5.5 で，構成比，累積構成比，区分を求めなさい．区分については，累積構成比が 70％までを A ランク，90％までを B，それ以上を C ランクとしなさい．

(2) (1) を基に，パレート図を描きなさい．

(3) 上記課題 5.1 と比較して，どのようなことが言えるか考えよ．

課題 5.3

表 5.6 は，2013 年 1 月における車種別売上台数を示したものである．以下の (1)，(2) の

問いに従って，表やグラフを作成しなさい。

表5.6

	A	B	C	D
1	トヨタの2013年1月における車種別売上台数			
2		ブランド通称名	台数	
3	1	アクア	22,466	
4	2	プリウス	17,733	
5	3	ヴィッツ	5,822	
6	4	クラウン	5,327	
7	5	カローラ	4,832	
8	6	スペイド	3,805	
9	7	ヴェルファイア	3,692	
10	8	ヴォクシー	2,919	
11	9	パッソ	2,896	
12	10	ポルテ	2,736	
13		合計台数		
14	http://www.jada.or.jp/contents/data/ranking.html			

(1) 表5.6で，構成比，累積構成比，区分を求めなさい。区分については，累積構成比が70%までをAランク，90%までをB，それ以上をCランクとしなさい。

(2) (1)を基に，パレート図を描きなさい。

課題5.4

表5.7は，トヨタの2005年〜2012年における車名別国内生産台数を示したものである。下の(1)，(2)の問に答えなさい。

(1) 構成比，累積構成比，区分を求めなさい。区分については，累積構成比が70%までをAランク，90%までをB，それ以上をCランクとしなさい。構成比，累積構成比については，小数点第3位までを表示させなさい。

(2) (1)を基に，車名と生産台数，累積構成比のパレート図を描きなさい。グラフは見やすい形になるように，タイトル等を整えなさい。

表5.7

	A	B	C	D	E	F
1	トヨタの2005年〜2012年の車名別国内生産台数					
2	車名	生産開始	2012年生産台数(台)	構成比	累積構成比	区分
3	ベルタ	2005	75,861			
4	ラクティス	2005	46,141			
5	ハリアーハイブリッド	2005	629			
6	オーリス	2006	11,772			
7	FJクルーザー	2006	38,994			
8	サイオンtC	2006	24,496			
9	カムリハイブリッド	2006	18,756			
10	ヴァンガード	2007	16,400			
11	マークXジオ	2007	2,521			
12	ハイランダー	2007	27,392			
13	ハイランダーハイブリッド	2007	7,840			
14	サイオンxD	2007	11,049			
15	クラウンハイブリッド	2008	2,402			
16	ヴェルファイア	2008	56,662			
17	iQ	2008	17,516			
18	SAI	2009	8,158			
19	アクア	2011	334,250			
20	スペイド	2012	30,141			
21	合計台数					
22	http://www.toyota.co.jp/jpn/company/about_toyota/data/production.html					

5.2 身長と体重の丁度良い関係

太り過ぎとか痩せ過ぎとか，人は体格や体形を気にするものである。太り過ぎとか痩せ過ぎは，健康状態を推し量る1つのバロメーターとも言える。ここでは，身長と体重の理想的な関係を考えよう。ここで言う理想の体重とは，多くのデータから得られた標準的な体重に医学的な立場からの意見を加味して考案されたものである。この節では，(1)最も簡便な標準体重の求め方と，(2)体格指数(BMI)による標準体重の求め方，という2つの指標と標準体重の求め方を紹介する。

(1) 最も簡便な標準体重の求め方

簡便なことで，最もよく知られている計算方法は，身長(cm) − 体重(kg) = 110 というものである。すなわち，理想の標準体重は

$$標準体重(kg) = 身長(cm) - 110$$

で求められる。

演習 5.3

身長を 0cm から 10cm 間隔で，200cm までとり，上記簡便法で得られる標準体重を求めてみよう(表 5.8)。でき上がった表を基に，身長(cm)と標準体重(kg)の関係をグラフで表してみよう(図 5.14)。

▶▶▶ ヒント　Excel 上で，グラフの散布図(平滑線)を用いる。

表 5.8

	A 身長(cm)	B 標準体重(kg)
2	0	
3	10	
4	20	
5	30	
6	40	
7	50	
8	60	
9	70	
10	80	
11	90	
12	100	
13	110	
14	120	
15	130	
16	140	
17	150	
18	160	
19	170	
20	180	
21	190	
22	200	

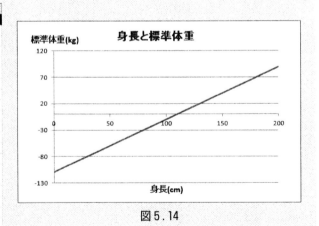

図 5.14

グラフは，図5.14のような直線となる．標準体重(kg)を y，身長(cm)を x とすると，
$$y = x - 110$$
で表される1次関数のグラフとなる．

表やグラフから容易にわかるように，例えば身長1mの時，体重は -10 kgとなってしまう．このことから，身長から110を引くという簡便法は，130cm以上170cm以下の範囲では，だいたい現実的に適切であるが，それ以外の範囲では，非現実的で矛盾していることがわかる．

(2) 体格指数(BMI)と標準体重

BMI(体格指数：Body Math Index　ボティマスしすう)は，肥満の程度を知るための指数で，ベルギーの数学者，統計学者で社会学者であるアドルフ・ケトレーによって1835年に開発された計算方法である．ケトレー指数(Quetelet Index)またはカウプ指数(Kaup Index)とも呼ばれる．その計算式は，以下のようである．

$$\text{BMI} = \text{体重(kg)} \div \text{身長(m)}^2$$

そして，このBMIを基に以下のような判定基準を設けている(表5.9)．これによれば，BMI 25以上が，軽い肥満または肥満と判定される．

表5.9

	BMIと肥満の判定基準	
	BMI < 18.5	低体重
18.5 ≦	BMI < 25	普通体重
25 ≦	BMI < 30	軽い肥満
30 ≦	BMI	肥満

このBMIが男女とも22の時に高血圧，高脂血症，肝障害，耐糖能障害等の有病率が最も低くなるということが，医学研究によりわかってきた．そこでBMI=22となる体重を理想としたのが，標準体重と呼ばれるものである．

$$\text{標準体重(kg)} = 22 \times \text{身長(m)}^2$$

演習 5.4

身長を 0(ゼロ)m から 0.1m おきに 2m までとり,標準体重(kg)=22×身長(m)^2 から標準体重を求めて,表 5.10 を完成させなさい。さらに,身長(m)と標準体重の関係をグラフで表しなさい(図 5.15)。

▶▶▶ ヒント　B2 セルに[=22*A2^2]と入力する。グラフは,散布図(平滑線)を用いる。

表 5.10

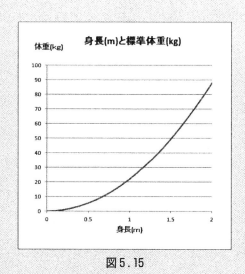

図 5.15

標準体重(kg)を y,身長(m)を x とすると,
$$y = 22\,x^2$$
と表されるので,BMI を用いた標準体重の式は 2 次関数であり,グラフは 2 次関数のグラフとなることがわかる。

課題 5.5

表 5.11 で,各人の BMI を求めよう。さらに,表 5.9 の基準を基に肥満度を判定せよ。

表5.11

	A	B	C	D	E	F	G
1							
2		肥満度の判定					
3		学生番号	氏名	身長(m)	体重(kg)	BMI	肥満度の判定
4		36914	会田久美	1.48	51		
5		15895	秋川ゆかり	1.55	48		
6		21356	岡田健治	1.73	51		
7		37925	河野洋介	1.83	65		
8		16889	木下健太	1.63	78		
9		32073	工藤義男	1.68	86		
10		78172	澤田謙吾	1.69	60		
11		58158	須藤恵子	1.53	47		
12		33186	瀬川智彦	1.78	87		

▶▶▶ [操作方法] のヒント

① F4セルに,BMIの式を[=E4/(D4^2)]と入力し,F12セルまでコピーする。
② G4セルに,IF文(3つ以上の分岐を持つネスト)を入力する。すなわち,
[=IF(F4>=30,"肥満",IF(F4>=25,"軽い肥満",IF(F4>=18.5,"普通体重","低体重")))]と入力し,G12セルまでコピーする。

(!) 注 関数のネストは,以下のように操作する。
G4セルにIF関数を挿入 →[関数の引数]ダイアログボックスで,

論理式:F4>=30
真の場合:肥満

を入力。[偽の場合]の入力ボックスをクリック。→ IFの[名前ボックス]の右側にある▼をクリック。→表示されたプルダウンメニューから[IF]をクリック(図5.16)。

図5.16

すると,次の段落のIF条件式に入るので,新たに表示された[関数の引数]ダイアログボックスで,

論理式:F4>=25
真の場合:軽い肥満

を入力して,これをくり返す。論理式:F4>=18.5まできたら

真の場合:普通体重
偽の場合:低体重

を入力して,[OK]ボタンをクリックする。

5.3 所得税の計算方法

収入と所得は，よく似ているが異なるものである．所得とは，収入からその収入を得るために必要な経費を差し引いた額であり，税法上の用語である．したがって所得には，所得税がかけられる．その所得税はどのように決められているのであろうか？

現在，日本の所得税の税率は，分離課税に対するものなどを除くと，5%から40%の6段階に区分されている(国税庁)．このように，所得によって税率が異なるような課税の仕方を累進課税という．課税される総所得金額(千円未満の端数金額を切り捨てた後の金額)に対する所得税の税率や控除額は，次の表5.12のようである．

表5.12

所得税の速算表

課税される所得金額	税率	控除額
195万円以下	5%	0円
195万円を超え 330万円以下	10%	97,500円
330万円を超え 695万円以下	20%	427,500円
695万円を超え 900万円以下	23%	636,000円
900万円を超え 1,800万円以下	33%	1,536,000円
1,800万円超	40%	2,796,000円

[平成25年4月1日現在　国税庁]

表5.12で，例えば「課税される所得金額」が700万円の場合には，求める所得税額は，
$$700万円 \times 0.23 - 63万6千円 = 97万4千円$$
である．

課題5.6

(1) 所得が300万円の場合の所得税額はいくらか？
(2) 所得が1億円の場合，所得税額はいくらか？

現在の所得税率は，所得が1800万円を超えた場合は，一律40%であり，控除額も同じである．したがって，1800万円までは累進課税になっているが，それ以上は累進課税になっていない．スポーツ選手や芸能人，資本家等，数億円の所得を得る場合でも，一律40%であり，このことが格差社会を生む一つの要因になっているとも思われるが，このことは余り知られていない．過去の最高税率の変遷を示すと，以下のようである．

　　1974年(昭和49年)　　75.0%　　三木武夫内閣
　　1984年(昭和59年)　　70.0%　　中曽根康弘内閣
　　1987年(昭和62年)　　60.0%　　中曽根康弘内閣

1989年（平成元年）　　50.0%　　海部俊樹内閣
1999年（平成11年）　　37.0%　　小渕恵三内閣
2007年（平成19年）　　40.0%　　（課税標準1,800万円以上）

演習 5.5

所得金額を0円から5万円おきに2500万円まで取り，表5.12を参考にして，税率を書き込みなさい．次に，所得金額と税率の関係をグラフで表しなさい．

表 5.13

	A	B	C	D	E
1	所得金額	税率	所得金額×税率	控除額	所得税額
2	0				
3	50000				
4	100000				
5	150000				
6	200000				
7	250000				
8	300000				
9	350000				
10	400000				
11	450000				
12	500000				
13	550000				
14	600000				

▶▶▶ [操作方法] のヒント
- グラフの作成では，散布図（平滑線）を用いる．

所得金額と税率の関係をグラフで表すと，図5.17のような階段状のグラフになる．

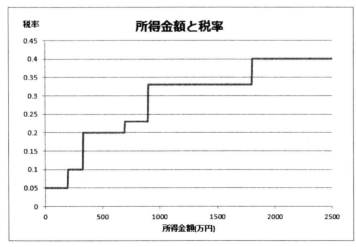

図 5.17

演習 5.6

演習 5.5 で作成した表に [所得金額×税率] となる額を求め（表 5.14），所得金額と所得税額（所得金額×税率）の関係をグラフに表しなさい（図 5.18）。

表 5.14

	A	B	C	D	E
1	所得金額	税率	所得金額×税率	控除額	所得税額
2	0	0.05	0		
3	50000	0.05	2500		
4	100000	0.05	5000		
5	150000	0.05	7500		
6	200000	0.05	10000		
7	250000	0.05	12500		
8	300000	0.05	15000		
9	350000	0.05	17500		
10	400000	0.05	20000		
11	450000	0.05	22500		
12	500000	0.05	25000		
13	550000	0.05	27500		
14	600000	0.05	30000		

▶▶▶ [操作方法] のヒント
- C2 セルに [=A2*B2] を入力する。

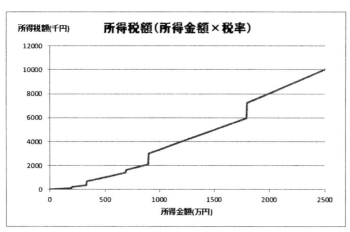

図 5.18

図 5.18 からわかるように，グラフはジグザグ状のものとなり，所得額に単純に税率を掛け合わせたものだと，税率が変わる金額で，急に税額が変わってしまうので，不平等感が生じる。控除額とは，この格差を解消するために考えられたものとも言える。

演習 5.7

演習5.6で作成した表5.14に，表5.12を参考にして控除額を入力しなさい。所得税額は，演習5.6で求めた所得×税率から控除額を差し引いたもの，つまり，

　　所得税額＝所得×税率－控除額　となる。

この式から，所得税額を計算して，表5.15を完成させなさい。さらに，所得金額と所得税額の関係をグラフに表しなさい(図5.19)。

表5.15

	A	B	C	D	E
1	所得金額	税率	所得金額×税率	控除額	所得税額
2	0	0.05	0	0	0
3	50000	0.05	2500	0	2500
4	100000	0.05	5000	0	5000
5	150000	0.05	7500	0	7500
6	200000	0.05	10000	0	10000
7	250000	0.05	12500	0	12500
8	300000	0.05	15000	0	15000
9	350000	0.05	17500	0	17500
10	400000	0.05	20000	0	20000
11	450000	0.05	22500	0	22500
12	500000	0.05	25000	0	25000
13	550000	0.05	27500	0	27500
14	600000	0.05	30000	0	30000

▶▶▶ [操作方法] のヒント
- E2セルに[=C2-D2]を入力する。

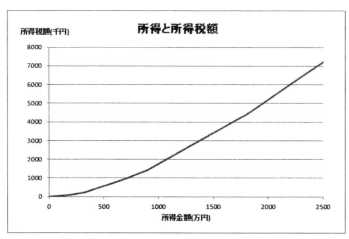

図5.19

図5.19のグラフからわかるように，所得税額は滑らかな曲線を描く。ただし，前述のように所得が1800万円を超えた場合は税率も控除額も一定なため，グラフは直線となる。

5.4 所得の格差を測る　ローレンツ曲線とジニ係数

社会における所得分配の不平等さを測る指標として，ジニ係数（Gini coefficient）がある。ローレンツ曲線（p.135を参照）をもとに，1936年，イタリアの統計学者コッラド・ジニによって考案された。係数の範囲は0から1で，係数の値が0に近いほど格差が少なく，1に近いほど格差が大きい状態を意味する。0のときには，完全な「平等」つまり皆同じ所得を得ている状態を示す。社会騒乱多発の警戒ラインは，0.4だとされている。

ジニ係数は不平等さを客観的に分析・比較する際の代表的な指標の一つとなっているが，
- 同じジニ係数で示される状態であっても，ローレンツ曲線の形が著しく違えば，実感として感じる不平等さが，全く異なっている場合がある。
- 税金や社会福祉などによって，再分配機能が充実した国の場合，初期所得（税引き前の給与）でのジニ係数と，所得再分配後のジニ係数が異なる。

ことが知られている。

ジニ係数を用い日本の所得分配の不平等度を計測している統計には，厚生労働省が実施している所得再分配調査や，家計の所得・支出を調査している家計調査がある。また，全国消費実態調査のデータを使って，ジニ係数が計算されている。

それでは，実際にローレンツ曲線を描き，ジニ係数を求めてみよう。

例えば，今，5つの世帯があり，それぞれの所得が40万円，50万円，60万円，110万円，140万円であったとする。この場合のジニ係数を求めてみよう。

計算方法としては，累積世帯数とそれぞれの所得を記入し，それぞれの値から，累積世帯数比率，所得比率，累積所得比率を求める。表を作成すると表5.16のようになる。

表5.16

累積世帯数	累積世帯数比率	所得（万円）	所得比率	累積所得比率
0	0.0	0	0.00	0.00
1	0.2	40	0.10	0.10
2	0.4	50	0.13	0.23
3	0.6	60	0.15	0.38
4	0.8	110	0.28	0.65
5	1.0	140	0.35	1.00
合計		400	1.00	

表5.16から，累積世帯比率を横軸にとり累積所得比率を縦軸にとって，各点をプロットし，原点と各点を結んだ線を描くと図5.20のようになる。

5.4 所得の格差を測る ローレンツ曲線とジニ係数

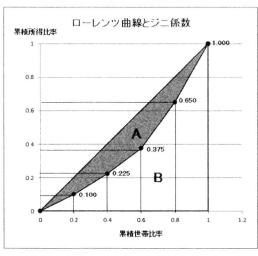

図 5.20

　図 5.20 のグラフ上で，原点と各点を結んだ線をローレンツ曲線という。ローレンツ曲線は，所得格差が少なければ，原点を通る 45 度線に近づき，格差が大きければ，45 度線から右下に膨らむ傾向がある。また，ローレンツ曲線と 45 度線で囲まれる部分 A の面積を 2 倍した値をジニ係数と呼ぶ。図 5.20 の場合のジニ係数を求めてみよう。B の部分の面積は，いくつかの台形と三角形の面積の和で求めることができる（図 5.21）。

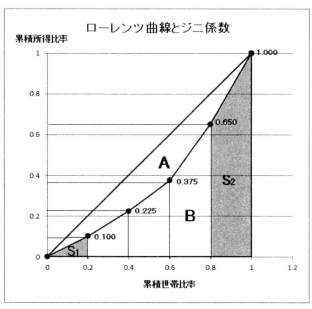

図 5.21

　たとえば，三角形 S_1 の面積は，底辺×高さ÷2 として求められるから
　　　$S_1 = 0.100 \times 0.2 / 2$
と表される。

台形 S_2 の面積は，(上底＋下底)×高さ÷2 として求められるから
　　$S_2 = (0.650 + 1.000) \times 0.2 / 2$
と表される。以下，同様に計算して，
　　B の面積 ＝ $(0.100 \times 0.2 / 2)$
　　　　　　　$+ ((0.100 + 0.225) \times 0.2 / 2)$
　　　　　　　$+ ((0.225 + 0.375 \times 0.2 / 2)$
　　　　　　　$+ ((0.375 + 0.650) \times 0.2 / 2)$
　　　　　　　$+ ((0.650 + 1.000) \times 0.2 / 2)$
　　　　　　　$= 0.37$
となる。したがって，A の面積＝$0.5 - 0.37 = 0.13$
ジニ係数は，A の面積の 2 倍であるから，$0.13 \times 2 = 0.26$ となる。

課題 5.7

5 つの世帯があり，それぞれの所得がすべて 100 万であった場合（格差が全くない状態である）のローレンツ曲線がどのようになるか考えよ。その時のジニ係数はいくらか？

演習 5.8

表 5.17 は，総務省統計局家計調査年報（2012 年度）より，年間収入五分位階級別 1 世帯当たりの 1 年間の収入（万円）と支出（総世帯）について調べ，作成したものである。

表 5.17

年間収入五分位階級別1世帯当たりの1か月の収入（総世帯 2012年）

所得階級	世帯割合	1世帯当たり所得	各階級所得比率	累積世帯比率	累積所得比率
I	0.2	170			
II	0.2	308			
III	0.2	430			
IV	0.2	600			
V	0.2	1065			

総務省統計局: 家計調査年報
http://www.e-stat.go.jp/SG1/estat/List.do?lid=000001111151

この表を基に，各階級所得比率，累積世帯比率，累積所得比率を求めなさい。さらに，累積世帯比率，累積所得比率を基にローレンツ曲線を描き，ジニ係数を求めなさい。

操作方法

■ Step1 ■　表を完成させる

① 各階級所得比率：表5.17の8行目に行を挿入し，C8セルに一世帯当たり所得合計を求めておく。D3セルに[=C3/$C$8]と入力し，D7セルまでコピーする。

② 累積世帯比率：E3セルに[=B3]と入力し，E4セルに[=E3+B4]と入力して，E7セルまでコピーする。([=SUM(B$3:B3)]として，コピーしても良い。)

③ 累積所得比率：F3セルに[=D3]と入力し，F4セルに[=F3+D4]と入力して，F7セルまでコピーする。([=SUM(D$3:D3)]として，コピーしても良い。)

■ Step2 ■　ローレンツ曲線を描く

④ E2セル～F7セルを範囲指定し，[挿入]→[グラフ]→[散布図]→[マーカー付直線]をクリックする。すると，図5.22のようなグラフが描ける。

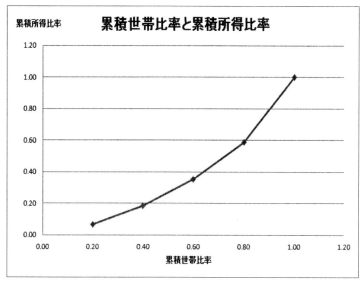

図5.22

ローレンツ曲線が原点を通るようにするためには，表5.17の2行目の下に，行を挿入し，累積世帯比率，累積所得比率に「0」と入力する(図5.24)。すると，図5.23のようなグラフが描ける。

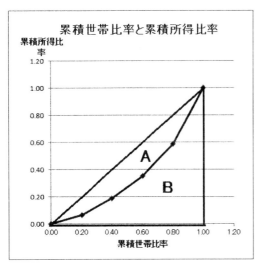

図 5.23

■ Step3 ■ ジニ係数を求める

⑤ ローレンツ曲線の，下の部分(B)の面積を求める(図 5.24)。

	A	B	C	D	E	F	G
1	年間収入五分位階級別1世帯当たりの1か月の収入(総世帯 2012年)						
2	所得階級	世帯割合	1世帯当たり所得	各階級所得比率	累積世帯比率	累積所得比率	面積
3					0.00	0.00	
4	I	0.2	170	0.066	0.20	0.07	0.007
5	II	0.2	308	0.120	0.40	0.19	0.025
6	III	0.2	430	0.167	0.60	0.35	0.054
7	IV	0.2	600	0.233	0.80	0.59	0.094
8	V	0.2	1,065	0.414	1.00	1.00	0.159
9	合計		2,573	1.000			0.338
10	総務省統計局: 家計調査年報						
11	http://www.e-stat.go.jp/SG1/estat/List.do?lid=000001111151						

図 5.24

▶▶▶ [操作方法] のヒント

図 5.24 のように，G 列に面積を求めるためのセルを設ける。

- G4 セルに [=F4*0.2/2] と入力し，三角形の面積を求める。
- 次に，台形の面積を求めていく。G5 セルに [=(F4+F5)*0.2/2] と入力し，G8 セルまでコピーする。

(!) 注 三角形は上底が 0 (ゼロ) の台形と考えることができる。この考え方を使うと，上の2つを統一して，G4 セルに [=(F3+F4)*0.2/2] と入力してもよい。

- G4 セルから G8 セルまでの値の合計を取り，G9 セルとする。

この演習 5.8 の場合，0.338 が得られる。

したがって，ジニ係数 = (0.5 − 0.338) × 2 = 0.324 となる。

課題 5.8

表 5.18 は，総務省統計局家計調査年報（2013 年）より，年間収入五分位階級別 1 世帯当たりの 1 か年の収入と支出（総世帯）について調べ，作成したものである。この表を基に，下の (1), (2) の問に答えなさい。

(1) 各階級所得比率，累積世帯比率，累積所得比率を求めよ。各値は，少数点第 3 位まで表示しなさい。

(2) 累積世帯比率と累積所得比率を基に，ローレンツ曲線を描き，ジニ係数を求めよ。ローレンツ曲線は原点を通ることとし，ジニ係数は小数点第 3 位まで求めなさい。

表 5.18

	A	B	C	D	E	F	G	H
1	年間収入五分位階級別1世帯当たりの1年間の収入(総世帯 2013年 単位:万円)							
2	所得階級	世帯割合	1世帯当たりの所得	各階級所得比率	累積世帯比率	累積所得比率	面積	ジニ係数
3	I	0.2	176					
4	II	0.2	311					
5	III	0.2	431					
6	IV	0.2	607					
7	V	0.2	1,077					
8	合計							
9	総務省統計局：家計調査年報							
10	http://www.e-stat.go.jp/SG1/estat/List.do?lid=000001119483							

課題 5.9

総務省統計局のホームページから，平成 26 年（2014 年）の，年間収入五分位階級別 データを検索し，ローレンツ曲線を描き，ジニ係数を求めよ。

▶▶▶ 検索のヒント

ホーム→統計データ→家計調査→家計調査（家計収支編）調査結果→ 家計調査年報（家計収支編）→家計調査年報（家計収支編）平成 26 年→総世帯をクリック。

家計調査→ 家計収支編→ 総世帯→ 年報→ 年次→ 2014 年

第 6 章

指数／伸び率／成長率

Data Analysis based ICT for All Students of the Faculty of Economics or Business

6.1 指数(index)とは

(1) 指数化による変化の比較

一般に，対象となる値の指数とは，

$$\text{対象となる値の指数} = \frac{\text{対象値}}{\text{基準値}}$$

で表される数値である。基準値を1とする場合は，このままの数値となるが，基準値を100とする場合は，この値を100倍することになる。一般には，基準値を100とする場合が多い。指数とよく似たことばに指標がある。指標は，ものごとを判断したり価値を定めたりする場合のおおよその目安であり，数値としては比を用いることが多いが，指数よりずっと大きな意味で用いられる。

指数を，時の流れに立ったデータ(時系列という)上で考え，基準値を100とすると，以下の式になる。一般に，経済や経営で指数といった場合は，この数値を用いることが多い。

$$\text{時点}\, t\, \text{での指数} = \frac{\text{時点}\, t\, \text{でのデータ値}}{\text{基準時点でのデータ値}} \times 100$$

(2) 指数化すると見えてくるもの：複数列の変化の比較

今，アジア・中東諸国の GDP の変化を見てみよう。表6.1は，1985年〜2010年のアジア諸国の名目 GDP(米ドル表示)を示したものである。

表6.1

	A	B	C	D	E	F	G	H	I
1	国内総生産（名目GDP, 米ドル表示）							(単位 100万米ドル)	
2	国（地域）	1985	1990	1995	2000	2005	2008	2009	2010
3	日本 a	1,383,381	3,082,736	# 5,348,827	4,730,102	4,578,144	4,860,796	5,044,388	5,503,527
4	インド	226,460	326,796	369,240	467,788	837,299	1,283,209	1,353,215	1,722,328
5	インドネシア	95,960	125,720	222,082	165,021	285,869	510,229	539,356	707,448
6	韓国	98,502	270,405	531,139	533,395	844,866	931,405	834,060	1,014,369
7	クウェート	21,446	18,471	26,554	37,718	80,798	147,380	105,902	124,331
8	サウジアラビア	103,894	116,622	142,268	188,442	315,583	476,305	372,663	434,666
9	シンガポール	18,463	38,835	87,062	94,308	125,429	189,384	183,332	222,699
10	中国	309,083	404,494	756,960	1,192,836	2,283,671	4,531,831	5,050,543	5,739,358

［出典　総務省統計局］

表6.1をグラフに表すと，図6.1のようになる。

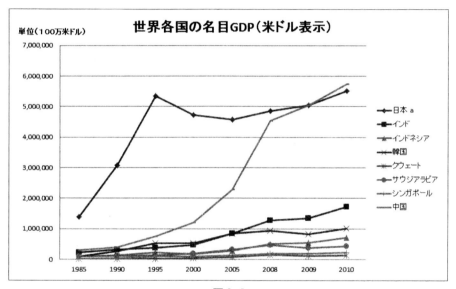

図6.1

このグラフにより，日本，中国が圧倒的にGDPが高いことが印象付けられる。その変化を追うときも，この2国に目が行きがちである。

今，表6.1を基に1985年の各国のGDPを基準として（基準値を100とする），指数として表してみよう。

$$\text{時点}\,t\,\text{での指数} = \frac{\text{時点}\,t\,\text{でのデータ値}}{\text{基準時点でのデータ値}} \times 100$$

であるから

$$\text{その年のGDPの指数} = \frac{\text{その年のGDP}}{1985\text{年のGDP}} \times 100$$

である。表6.2は，1990年〜2010年の指数の変化を表したものであり，図6.2は，この指数の変化を折れ線グラフで示したものである。このグラフから，どのようなことが読み取れるであろうか？

表6.2

指数による表示　　国内総生産（名目GDP，米ドル表示）　　　　　（単位　100万米ドル）

国（地域）	1990	1995	2000	2005	2008	2009	2010
日本 a	2.23	3.87	3.42	3.31	3.51	3.65	3.98
インド	1.44	1.63	2.07	3.70	5.67	5.98	7.61
インドネシア	1.31	2.31	1.72	2.98	5.32	5.62	7.37
韓国	2.75	5.39	5.41	8.58	9.46	8.47	10.30
クウェート	0.86	1.24	1.76	3.77	6.87	4.94	5.80
サウジアラビア	1.12	1.37	1.81	3.04	4.58	3.59	4.18
シンガポール	2.10	4.72	5.11	6.79	10.26	9.93	12.06
中国	1.31	2.45	3.86	7.39	14.66	16.34	18.57

［出典　総務省統計局］

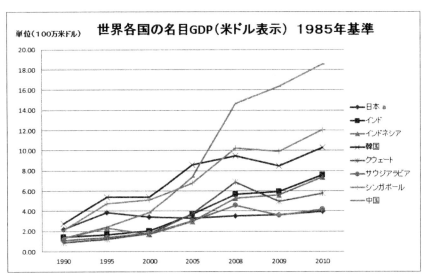

図6.2　中近東・アジア諸国のGDPの指数による変化（1985年基準）

図6.2を見てみよう。1985年を基準とした場合，やはり中国の伸びが大きいことがわかるが，その次に伸びているのがシンガポールである。また，2009年に韓国，クエート，サウジアラビアなどの国でGDPは減少しているので，何らかの経済問題があったことが予想されるが，そのような中，インド，インドネシア，日本は成長を続けていることがわかる。

このように，指数を取ることで，実際の数値を追うだけでは見えづらかった変化の大きさを新たに発見できる。

6.2 指数／伸び率(増減率)／成長率

ここでは，コンビニエンスストアの売上高を例として，指数／伸び率(増減率)／成長率の意味の相違を学ぼう。これらの用語は，少しずつ意味合いが異なっている。

演習6.1　売上高

表6.3は，2008年度〜2012年度における日本のコンビニエンスストアの売上高を示したものである。この表から，売上高合計金額と売上高平均金額を求めよう。

表6.3

	A	B	C	D	E	F
1	コンビニエンスストア売上高時系列データ 単位(百万円)					
2	対象期間	2008	2009	2010	2011	2012
3	1月	574,966	630,177	613,226	652,349	689,785
4	2月	556,317	582,856	571,224	616,165	675,575
5	3月	622,136	662,596	645,350	699,803	734,678
6	4月	605,461	645,007	635,792	652,326	723,452
7	5月	648,846	669,454	662,118	708,379	754,399
8	6月	648,709	654,746	660,513	730,419	744,687
9	7月	745,546	708,485	726,588	807,945	818,094
10	8月	734,211	712,864	733,488	798,911	825,947
11	9月	674,226	654,806	752,828	737,356	759,759
12	10月	686,766	667,582	642,993	749,444	767,358
13	11月	657,758	634,378	654,259	722,529	737,190
14	12月	702,129	681,243	719,152	771,301	795,474
15	売上高合計					
16	売上高平均					

[出典　日本フランチャイズチェーン協会]

操作方法

① 年ごとの合計金額を求める。

2008年の1月(B3セル)から12月(B14セル)をドラッグして選択。[オートSUM]ボタンをクリック。すると，B15セルに合計金額が表示される。

② B15セルをクリック。そのままF15セルまでドラッグし，2008年から2012年までの合計を算出する。

③ 年ごとの平均金額を求める。

2008年の平均(B16セル)を選択し，関数[AVERAGE]を選択する。B3からB14セルをドラッグし，[OK]ボタンをクリック。

④ B16セルをクリック。そのままドラッグして，2012年の平均（F16セル）まで求める。

演習6.2　売上高指数：変化の大きさを読む

演習1の表6.3において，2008年度売上高を基準として，各年の売上高を指数化してみよう（表6.4）。さらに，指数をグラフで表そう（図6.3）。

$$時点tでの指数 = \frac{時点tでのデータ値}{基準時点でのデータ値} \times 100$$

表6.4

	A	B	C	D	E	F	G	H	I	J	K	L	M
1	コンビニエンスストア売上高時系列データ 単位(百万円)							コンビニエンスストア売上高時系列データ 単位(百万円)					
2	対象期間	2008	2009	2010	2011	2012		対象期間	2008	2009	2010	2011	2012
3	1月	574,966	630,177	613,226	652,349	689,785		1月	100.00	109.60	106.65	113.46	119.97
4	2月	556,317	582,856	571,224	616,165	675,575		2月	100.00	104.77	102.68	110.76	121.44
5	3月	622,136	662,596	645,350	699,803	734,678		3月	100.00	106.50	103.73	112.48	118.09
6	4月	605,461	645,007	635,792	652,326	723,452		4月	100.00	106.53	105.01	107.74	119.49
7	5月	648,846	669,454	662,118	708,379	754,399		5月	100.00	103.18	102.05	109.18	116.27
8	6月	648,709	654,746	660,513	730,419	744,687		6月	100.00	100.93	101.82	112.60	114.80
9	7月	745,546	708,465	726,588	807,945	818,094		7月	100.00	95.03	97.46	108.37	109.73
10	8月	734,211	712,864	733,488	798,911	825,947		8月	100.00	97.09	99.90	108.81	112.49
11	9月	674,226	654,806	752,828	737,356	759,759		9月	100.00	97.12	111.66	109.36	112.69
12	10月	686,766	667,582	642,993	749,444	767,358		10月	100.00	97.21	93.63	109.13	111.74
13	11月	657,758	634,378	654,259	722,529	737,190		11月	100.00	96.45	99.47	109.85	112.08
14	12月	702,129	681,243	719,152	771,301	795,474		12月	100.00	97.03	102.42	109.85	113.29
15	売上高合計	7,857,071	7,904,194	8,017,531	8,646,927	9,026,398		売上高合計	100.00	100.60	102.04	110.05	114.88
16	売上高平均	654,756	658,683	668,128	720,577	752,200		売上高平均	100.00	100.60	102.04	110.05	114.88

操作方法

① I3を選択し，[=B3/$B3*100]と入力する。
② オートフィルを利用し，I16までドラッグして答えを求める。
③ I3からI16をドラッグして選択し，オートフィルを利用する。M16までドラッグして，表を完成させる（表6.4，右表）。

グラフの作成

次に，売上高指数のグラフを描いて見よう。

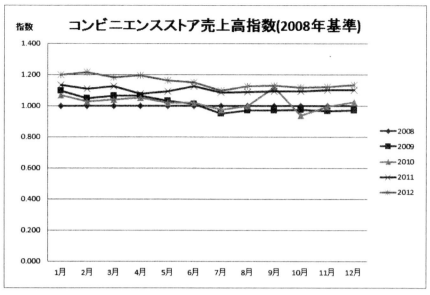

図6.3

操作方法

① H3セルからM14セルをドラッグして範囲指定する。→[挿入]を選択し,[折れ線グラフ]をクリック。
⑤ グラフ下部にある横軸の月一覧を右クリック。[軸の書式設定]を選択。
⑥ [配置]を選択し,文字列の方向を[横書き(半角)]にする(図6.3)。

演習6.3 | 伸び率(増減率):変化の大きさを比率で読む

演習6.1の表6.3において,2008年度売上高を基準の年として,各年の売上高の伸び率を求めてみよう(表6.5)。さらに,伸び率をグラフで表そう。

時点tでの伸び率は,以下の式で表される。

$$時点tでの伸び率 = \frac{(時点tでのデータ値 - 基準時点でのデータ値)}{基準時点でのデータ値} \times 100$$

表 6.5

対象期間	2008	2009	2010	2011	2012		対象期間	2008	2009	2010	2011	2012
1月	574,966	630,177	613,226	652,349	689,785		1月	0.000	9.602	6.654	13.459	19.970
2月	556,317	582,856	571,224	616,165	675,575		2月	0.000	4.770	2.680	10.758	21.437
3月	622,136	662,596	645,350	699,803	734,678		3月	0.000	6.503	3.731	12.484	18.090
4月	605,461	645,007	635,792	652,326	723,452		4月	0.000	6.532	5.010	7.740	19.488
5月	648,846	669,454	662,118	708,379	754,399		5月	0.000	3.176	2.045	9.175	16.268
6月	648,709	654,746	660,513	730,419	744,687		6月	0.000	0.931	1.820	12.596	14.795
7月	745,546	708,485	726,588	807,945	818,094		7月	0.000	-4.971	-2.543	8.370	9.731
8月	734,211	712,864	733,488	796,911	825,947		8月	0.000	-2.907	-0.098	8.812	12.495
9月	674,226	654,806	752,828	737,356	759,759		9月	0.000	-2.880	11.658	9.363	12.686
10月	686,766	667,582	642,993	749,444	767,358		10月	0.000	-2.793	-6.374	9.127	11.735
11月	657,758	634,378	654,259	722,529	737,190		11月	0.000	-3.554	-0.532	9.847	12.076
12月	702,129	681,243	719,152	771,301	795,474		12月	0.000	-2.975	2.424	9.852	13.295
売上高合計	7,857,071	7,904,194	8,017,531	8,646,927	9,026,398		売上高合計	0.000	0.600	2.042	10.053	14.882
売上高平均	654,756	658,683	668,128	720,577	752,200		売上高平均	0.000	0.600	2.042	10.053	14.882

操作方法

① I3 セルを選択し，[=(B3-$B3)/$B3*100] と入力する．
② オートフィルを利用し，そのまま I16 セルまでドラッグする．
③ I3 から I16 セルをドラッグする．さらに，M16 セルまでドラッグして表を完成させる（表 6.5，右表）．

グラフの作成

次に，表 6.5 を基にグラフを描こう．

操作方法

④ H3 セルから M14 セルをドラッグして範囲指定する．→[挿入]を選択し，[折れ線グラフ]をクリック．
⑤ グラフ上で右クリック→[データの選択]をクリック→表示されたダイアログボックス上で[系列1]→[編集]をクリック→表示されたダイアログボックス上の[系列名(N)]で[I2]セルをクリック．するとグラフ上で，[系列1]が[2008]と表示される．
⑥ ⑤と同様に[系列2]〜[系列5]を，[2010]〜[2012]に書き換える．

演習 6.4 成長率：変化の勢いを読む

演習 6.1 の表 6.3 を基に，成長率を求めてみよう（表 6.6）．
時点 t での成長率は，以下の式で表される．

$$\text{時点 } t \text{ での成長率} = \frac{(\text{時点 } t \text{ でのデータ値} - \text{前年度時点でのデータ値})}{\text{前年度時点でのデータ値}} \times 100$$

⚠ 成長率は,基準の年を設けずに,常に,前年度のデータ値と比較する。

表6.6

	コンビニエンスストア売上高時系列データ 単位(百万円)						コンビニエンスストア売上高成長率				
対象期間	2008	2009	2010	2011	2012		対象期間	2009	2010	2011	2012
1月	574,966	630,177	613,226	652,349	689,785		1月	9.602	-2.690	6.380	5.739
2月	556,317	582,856	571,224	616,165	675,575		2月	4.770	-1.996	7.867	9.642
3月	622,136	662,596	645,350	699,803	734,678		3月	6.503	-2.603	8.438	4.984
4月	605,461	645,007	635,792	652,326	723,452		4月	6.532	-1.429	2.601	10.903
5月	648,846	669,454	662,118	708,379	754,399		5月	3.176	-1.096	6.987	6.497
6月	648,709	654,746	660,513	730,419	744,687		6月	0.931	0.881	10.584	1.953
7月	745,546	708,485	726,588	807,945	818,094		7月	-4.971	2.555	11.197	1.256
8月	734,211	712,864	733,488	798,911	825,947		8月	-2.907	2.893	8.919	3.384
9月	674,226	654,806	752,828	737,356	759,759		9月	-2.880	14.970	-2.055	3.038
10月	686,766	667,582	642,993	749,444	767,358		10月	-2.793	-3.683	16.556	2.390
11月	657,758	634,378	654,259	722,529	737,190		11月	-3.554	3.134	10.435	2.029
12月	702,129	681,243	719,152	771,301	795,474		12月	-2.975	5.565	7.251	3.134
売上高合計	7,857,071	7,904,194	8,017,531	8,646,927	9,026,398		売上高合計	0.600	1.434	7.850	4.389
売上高平均	654,756	658,683	668,128	720,577	752,200		売上高平均	0.600	1.434	7.850	4.389

操作方法

① I3セルを選択し,[=(C3-B3)/B3*100]と入力する。
② オートフィルを利用し,そのままI16セルまでドラッグする。
③ I3からI16セルをドラッグする。さらに,L16セルまでドラッグして表を完成させる(表6.6,右表)。

グラフの作成

次に,表6.6を基に,グラフを描こう(図6.4)。

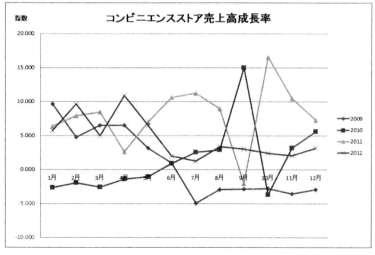

図6.4

操作方法

④ H3セルからL14セルをドラッグして範囲指定する。→[挿入]を選択し, [折れ線グラフ]をクリック。

⑤ グラフ上で右クリック→[データの選択]をクリック→表示されたダイアログボックス上で[系列1]→[編集]をクリック→表示されたダイアログボックス上の[系列名(N)]で[I2]セルをクリック。するとグラフ上で, [系列1]が[2009]と表示される。

⑥ ⑤と同様に[系列2]〜[系列4]を, [2010]〜[2012]に書き換える。

課題6.1

下の表6.7は, 1985年〜2010年のアジア諸国の名目GDP(米ドル表示)を示したものである。(1)〜(4)の問いに答えなさい。

(1) 表6.7の各国の名目GDPを, 折れ線グラフで表しなさい。

(2) 1985年を基準として指数化しなさい。それを表とグラフで表しなさい。

(3) 1985年を基準として, 各国の名目GDPの伸び率を求めよ。それを表6.8のような表(各セルの値は％スタイルとしなさい)と, グラフで表しなさい。

(4) 各国のGDP成長率を求めよ。但し, 1985年〜2005年は5年ごとである。(3)と同様に, 表とグラフで表しなさい。

表6.7

国（地域）	1985	1990	1995	2000	2005	2008	2009	2010
国内総生産(名目GDP, 米ドル表示)							(単位 100万米ドル)	
日本 a	1,383,381	3,082,736	5,348,827	4,730,102	4,578,144	4,860,796	5,044,388	5,503,527
インド	226,460	326,796	369,240	467,788	837,299	1,283,209	1,353,215	1,722,328
インドネシア	95,960	125,720	222,082	165,021	285,869	510,229	539,356	707,448
韓国	98,502	270,405	531,139	533,385	844,866	931,405	834,060	1,014,369
クウェート	21,446	18,471	26,554	37,718	80,798	147,380	105,902	124,331
サウジアラビア	103,894	116,622	142,268	188,442	315,583	476,305	372,663	434,666
シンガポール	18,463	38,835	87,062	94,308	125,429	189,384	183,332	222,699
中国	309,083	404,494	756,960	1,192,836	2,283,671	4,531,831	5,050,543	5,739,358

[出典 総理府統計局]

表6.8

国（地域）	1985	1990	1995	2000	2005	2008	2009	2010
国内総生産(名目GDP, 米ドル表示)							(単位 100万米ドル)	
日本 a	0.0%	122.8%	286.6%	241.9%	230.9%	251.4%	264.6%	297.8%
インド	0.0%	44.3%	63.0%	106.6%	269.7%	466.6%	497.6%	660.5%
インドネシア	0.0%	31.0%	131.4%	72.0%	197.9%	431.7%	462.1%	637.2%
韓国	0.0%	174.5%	439.2%	441.5%	757.7%	845.6%	746.7%	929.8%
クウェート	0.0%	-13.9%	23.8%	75.9%	276.8%	587.2%	393.8%	479.7%
サウジアラビア	0.0%	12.3%	36.9%	81.4%	203.8%	358.5%	258.7%	318.4%
シンガポール	0.0%	110.3%	371.5%	410.8%	579.4%	925.7%	893.0%	1106.2%
中国	0.0%	30.9%	144.9%	285.9%	638.9%	1366.2%	1534.0%	1756.9%

6.3　消費者物価指数とデフレータ

　私たちの消費生活を振り返って考えてみよう。たとえば，3年前に1000円で購入したTシャツが今年は1200円で販売されていたとする。3年間に1.2倍になったわけであるが，実質的にどの位値上がりしているのであろうか？　もし，その3年間の間に，社会全体の物価が1.2倍になったのであれば，そのTシャツの値上がりは物価相応のものであり，さほど値上がりしていないと言える。しかし，物価が1.1倍の値上がりであったとすると，そのTシャツは物価に比しても，実質的に，やはり値上がりしていることになる。ここで物価といったが，物価とは何であろうか？　物価は，どのように調査され計算されるのであろうか？

　一般に，私たちの目に触れる物の価格は，名目値である。価格単位で統計データの大きさを示す場合，特に時系列データを取り扱う場合には，上記のような価格変化の要因を考慮する必要がある。名目値から，価格変化の要因を取り除いた統計値を実質値といい，実質値を求めることを実質化という。一般には，以下のような計算式で求められる。

$$実質値 = \frac{名目値}{デフレータ}$$

　上の式のように，実質化に用いられる係数をデフレータと呼ぶ。デフレータに用いる値としては，総合価格指数を用いることが多い。

6.3.1　消費者物価指数(CPI:Consumer Price Index)とは

　消費者物価指数とは，消費者が購入する財とサービスの価格変動を指数で表したものである。実際の消費者物価指数は，ラスパイレス式，パーシェ式などさまざまな計算方法で求められる。使用されるデータは家計調査と価格調査(管轄は総務省)から得られる。

　図6.5は，平成6年(1994年)から平成25年(2013年)までの消費者物価指数(全国)の前年同月比の推移を示したものであり，図6.6は2005年を基準(100とする)とした各年の指数の年平均の推移を示したものである。

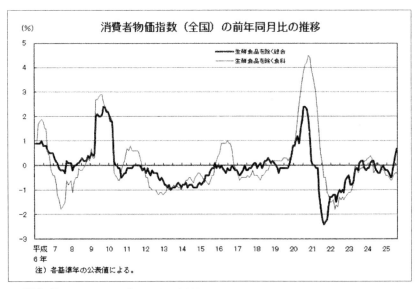

図 6.5　出典：総務省「消費者物価指数」　http://www.stat.go.jp/data/psi/3-6.htm

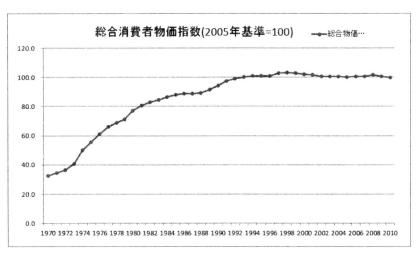

図 6.6　出典：総務省統計局：http://www.e-stat.go.jp/SG1/estat/List.do?lid=
000001071315

　このような物価指数はどのような意味を持っているのであろうか？　また，どのように算出するのか，その計算方法を考えてみよう．

6.3.2　物価指数とは

　物価指数には，個別指数と総合指数がある．個別指数とは，文字通り単一商品そのものの価格の変動を示すものである．例えば，基準時 1000 円であった T シャツが比較時に 1300 円になっていたとすれば，個別指数は，単純に 1300/1000 であり 1.3 となる．総合指数とは，

複数の商品全体の変動を示すものである。つまり，個別指数を一括して全体の変動を総合的に示す指数である。総合指数を求めるには，加重平均（7章 p.165を参照のこと）を用いて計算することが多い。物価指数は，多くの生活用品を取り扱うのであるから，総合指数を用いる。

物価指数の代表的なものとして，消費者物価指数（CPI: Consumer Price Index）と企業物価指数（CGPI: Corporate Goods Price Index）がある。企業物価指数は，旧卸売物価指数（WPI）であり，2003年に企業物価指数に名称変更されたものである。消費者物価は，消費者が商店やスーパーマーケットで購入するときの価格であり，企業物価は，企業間で取り引きされる時の価格である．CPIは総務省，CGPIは日本銀行が作成している。消費者物価指数は580品目を，企業物価指数は910品目を調査の対象としている。他に，前述のGDPデフレーター（内閣府作成）があるが，これはGDPに対応する物価指数である。

総合物価指数の計算方法：ラスパイレス式とパーシェ式

物価指数の計算は，単純平均ではなく，消費金額全体に占める各品目の割合（重み，ウェイト）を考慮した総合指数すなわち，加重平均（weighted average）で求められる。この加重平均の代表的な計算方法として，ラスパイレス（Laspeyres）式とパーシェ（Paasche）式がある。重み（ウェイト）をかける時に，基準時点の消費量を用いるのがラスパイレス式であり，比較時点の消費量を用いるのがパーシェ式である．すなわち，

ラスパイレス式のウェイトの基となる支出金額は

基準時点の価格(P_0)×基準時点の消費量(Q_0)であり，

パーシェ式のウェイトの基となる支出金額は

基準時点の価格(P_0)×比較時点の消費量(Q_t)

となる。

この場合，ウエイトの合計はどちらの方式でも必ず1になる．

このことを式で表すと，以下のようである。

今，pを価格，qを購入数量とする。添え字のiは商品番号，tは比較時点，0は基準時点を表すとする。つまり，

p_{it} は，i商品の比較時tにおける価格，

q_{i0} は，i商品の基準時0における購入数量

を示している。

このとき，上の計算を一般的な式で表すと以下のようになる。

ラスパイレス指数（Laspeyres formula）

$$\frac{p_{1t}q_{10}+p_{2t}q_{20}+\cdots+p_{nt}q_{n0}}{p_{10}q_{10}+p_{20}q_{20}+\cdots+p_{n0}q_{n0}}\times 100 = \frac{\sum_{i=1}^{n}p_{it}q_{i0}}{\sum_{i=1}^{n}p_{i0}q_{i0}}\times 100$$

パーシェ指数(Paasche formula)

$$\frac{p_{1t}q_{1t}+p_{2t}q_{2t}+\cdots+p_{nt}q_{nt}}{p_{10}q_{1t}+p_{20}q_{2t}+\cdots+p_{n0}q_{nt}}\times 100 = \frac{\sum_{i=1}^{n} p_{it}q_{it}}{\sum_{i=1}^{n} p_{i0}q_{it}} \times 100$$

それでは，実際に個別指数，総合指数(ラスパイレス式とパーシェ式)を計算して，その相違をみてみよう。

演習6.5

表6.9は，書籍とTシャツ，スニーカーについて，基準時と比較時の価格と購入数量を示したものである。この表から，個別物価指数と総合価格指数を求めよう。

表6.9

	基準時		比較時	
	価格	購入数量	価格	購入数量
書籍	1500	5	2500	6
Tシャツ	2000	3	3000	2
スニーカー	7000	2	9800	3

(1) 書籍／Tシャツ／スニーカーの個別物価指数を求めよう

表6.10

	基準時		比較時		個別物価指数
	価格	購入数量	価格	購入数量	
書籍	1500	5	2500	6	166.67
Tシャツ	2000	3	3000	2	150.00
スニーカー	7000	2	9800	3	140.00

[計算方法]

書籍の価格の指数(比較時／基準時)

$$書籍の価格の指数 = \frac{2500}{1500} \times 100 = 166.67$$

となる(表6.10)。100を掛けているのは，基準時＝100とした指数を計算するためである。Tシャツやスニーカーにおいても同様の計算方法で求められる。

課題 6.2

上と同様の計算方法で，Tシャツやスニーカーにおいても個別物価指数を算出しなさい（表 6.10）。

（2） 全体の価格指数（総合価格指数）を求めよう

1．単純平均で求めると

$$単純平均 = \frac{166.67 + 150.00 + 140.00}{3} \times 100$$

である。

2．総合平均（加重平均）で求めると
　（1）ラスパイレス式　　　　　　　　　　　　　　　基準時の購入数量

$$ラスパイレス式による総合指数 = \frac{(2500 * ⑤) + (3000 * ③) + (9800 * ②)}{(1500 * 5) + (2000 * 3) + (7000 * 2)} \times 100$$

であり，およそ 149.5 となる。

　（2）パーシェ式

$$パーシェ式による総合指数 = \frac{(2500 * 6) + (3000 * 2) + (9800 * 3)}{(1500 * ⑥) + (2000 * ②) + (7000 * ③)} \times 100$$

であり，およそ 148.2 となる。　　　　　　比較時の購入数量

課題 6.3
上記の計算を，それぞれ Excel で計算して確認しよう。

演習 6.6

表 6.11 は，商品 A, B, C, D, E について，基準時の価格と購入数量，比較時の価格と購入数量を示したものである。この表から，総合価格指数をラスパイレス式とパーシェ式の双方で求めなさい。

表6.11

	基準時		比較時	
	価格	購入数量	価格	購入数量
商品A	1000	20	1800	15
商品B	300	5	350	4
商品C	70	10	50	12
商品D	850	30	1200	20
商品E	150	12	700	8

(1) ラスパイレス式による総合価格指数の求め方

	A	B	C	D	E	F	G
1	総合価格指数						
2	■ラスパイレス式(購入数量を基準時に合わせる)						
3	消費者物価指数の計算用モデル						
4		基準時			比較時		
5		価格	購入数量	価格×購入数量	価格	購入数量	価格×購入数量
6	商品A	1000	20		1800	15	
7	商品B	300	5		350	4	
8	商品C	70	10		50	12	
9	商品D	850	30		1000	20	
10	商品E	150	12		400	8	
11	計						
12							
13	ラスパイレス式による総合価格指数						
14							

図6.7

操作方法

① D6セルに[=B6*C6]と入力。D10セルまでコピーする。
② G6セルに[=E6*C6]と入力。G10セルまでコピーする。
③ D6〜D10セルをドラッグして範囲指定し、[オートSUM]ボタンをクリック。D11セルにD6〜D10セルの合計が表示される。
④ ③と同様に、G6〜G10セルをドラッグして範囲指定し、[オートSUM]ボタンをクリック。G11セルにG6〜G10セルの合計が表示される。
⑤ C14セルをクリック。[=G11/D11*100]と入力する(図6.8)。

6.3 消費者物価指数とデフレータ

	A	B	C	D	E	F	G
1	総合価格指数						
2	■ラスパイレス式（購入数量を基準時に合わせる）						
3	消費者物価指数の計算用モデル						
4		基準時			比較時		
5		価格	購入数量	価格×購入数量	価格	購入数量	価格×購入数量
6	商品A	1000	20	20000	1800	15	36000
7	商品B	300	5	1500	350	4	1750
8	商品C	70	10	700	50	12	500
9	商品D	850	30	25500	1000	20	30000
10	商品E	150	12	1800	400	8	4800
11	計			49500			73050
12							
13	ラスパイレス式による総合価格指数						
14			147.58				

図6.8

（2） パーシェ式による総合価格指数の求め方

	A	B	C	D	E	F	G
1	総合価格指数						
2	■パーシェ式（購入数量を対象となる時に合わせる）						
3	消費者物価指数の計算用モデル						
4		基準時			比較時		
5		価格	購入数量	価格×購入数量	価格	購入数量	価格×購入数量
6	商品A	1000	20		1800	15	
7	商品B	300	5		350	4	
8	商品C	70	10		50	12	
9	商品D	850	30		1000	20	
10	商品E	150	12		400	8	
11	計						
12							
13	パーシェ式による総合価格指数						

図6.9

操作方法

① D6セルに[=B6*F6]と入力。D10セルまでコピーする。

② G6セルに[=E6*F6]と入力。G10セルまでコピーする。

③ D6～D10セルをドラッグして範囲指定し，[オートSUM]ボタンをクリック。D11セルにD6～D10セルの合計が表示される。

④ ③と同様に，G6～G10セルをドラッグして範囲指定し，[オートSUM]ボタンをクリック。G11セルにG6～G10セルの合計が表示される。

⑤ C14セルをクリック。[=G11/D11*100]と入力する（図6.10）。ラスパイレス式と比較して，多少，数値が異なることがわかるであろう。

	A	B	C	D	E	F	G
1	**総合価格指数**						
2	**■パーシェ式(購入数量を対象となる時に合わせる)**						
3	**消費者物価指数の計算用モデル**						
4		基準時			比較時		
5		価格	購入数量	価格×購入数量	価格	購入数量	価格×購入数量
6	商品A	1000	20	15000	1800	15	27000
7	商品B	300	5	1200	350	4	1400
8	商品C	70	10	840	50	12	600
9	商品D	850	30	17000	1000	20	20000
10	商品E	150	12	1200	400	8	3200
11	計			35240			52200
12							
13	パーシェ式による総合価格指数						
14			148.13				

図6.10

演習6.7

表6.12は，2000年～2010年における，商品A，商品B，商品C，商品D，商品Eの価格と購入量を示したものである。以下の(1)，(2)の問いに答えよ。

(1) 2000年を基準として，総合価格指数をラスパイレス式で求めよ。

(2) 2005年の，2000年を基準とした総合価格指数をパーシェ式で求めよ。

表6.12

	A	B	C	D	E	F	G	H	I	J	K	L	M
1	消費者物価指数モデル												
2	価格							購入数量					
3		商品A	商品B	商品C	商品D	商品E			商品A	商品B	商品C	商品D	商品E
4	2000	100	120	400	320	230		2000	1000	1200	2300	4600	850
5	2001	100	122	400	325	230		2001	1005	1320	1500	4800	1000
6	2002	105	122	400	325	230		2002	1005	1300	1340	5000	890
7	2003	108	125	410	325	230		2003	1200	1350	1800	4800	930
8	2004	108	126	410	330	235		2004	1250	1400	1980	4600	850
9	2005	110	128	415	330	235		2005	1280	1500	2300	4330	890
10	2006	112	126	415	330	235		2006	1320	1200	2500	3800	1200
11	2007	114	124	420	335	235		2007	1000	1850	2300	4800	1250
12	2008	113	126	420	335	240		2008	1400	1250	2800	4600	1300
13	2009	118	126	420	335	240		2009	1300	1200	3000	4580	980
14	2010	120	128	420	335	240		2010	1120	1380	2300	4600	1200
15													
16	2000年を基準とした5品目の総合価格指数												
17		商品A	商品B	商品C	商品D	商品E	2000年度基準の5品目の総合計	2000年度基準の5品目の総合指数					
18	2000												
19	2001												
20	2002												
21	2003												
22	2004												
23	2005												
24	2006												
25	2007												
26	2008												
27	2009												
28	2010												

▶▶▶ [操作方法] のヒント

1　ラスパイレス式：購入数量を基準時の 2000 年の購入量とする。

① B18 セルに [=B4*I$4] と入力。そのまま，B28 セルまでドラッグし，さらに F28 セルまでドラッグする。

② G18 セルに [=SUM(B18:F18)] と入力。G28 セルまでドラッグする。

③ H18 セルに [=G18/G$18*100] と入力。H28 セルまでドラッグする。

2　パーシェ式：購入数量を，比較時の 2005 年の購入数量とする。

① B18 セルに [=B4*I$9] と入力。F18 セルまでドラッグする。

② B23 セルに [=B9*I$9] と入力。F23 セルまでドラッグする。

③ G18 セルに [=SUM(B18:F18)]，G23 セルに [=SUM(B23:F23)] と入力。

④ H23 セルに [=G23/G18*100] と入力する。

演習 6.8

表 6.13 は，家計調査における二人以上の 1 世帯当たりの 1 年間の食品（生鮮肉，生鮮魚介，生鮮野菜，油脂）の購入数量と購入単価を，2000 年から 2011 年について示したものである。2000 年を基準として，4 品目の総合価格指数をラスパイレス式で求めよ。

表 6.13

	A	B	C	D	E	F	G	H	I	J
1	1世帯当たり年間の品目別支出購入数量及び平均価格（二人以上の世帯）									
2		生鮮肉		生鮮魚介		生鮮野菜		油脂		4品目の総合指数
3		数量	購入単価	数量	購入単価	数量	購入単価	数量	購入単価	
4	2000	41,702	151.46	44,188	153.54	189,180	35.80	10,645	40.53	
5	2001	39,811	146.78	43,269	150.35	184,060	36.19	10,402	40.07	
6	2002	40,195	145.65	44,400	145.41	184,059	35.58	11,274	37.54	
7	2003	39,366	147.07	42,759	141.46	174,846	37.38	10,715	38.54	
8	2004	38,603	150.88	41,215	139.92	173,304	37.91	10,724	39.72	
9	2005	39,916	148.68	40,407	138.63	176,226	35.92	10,951	38.18	
10	2006	39,884	148.06	38,499	143.68	173,295	36.90	10,391	39.04	
11	2007	40,647	148.39	38,382	143.31	176,391	36.07	10,253	40.98	
12	2008	41,491	153.47	36,332	143.32	178,710	35.77	9,881	47.90	
13	2009	43,162	143.58	36,274	138.77	181,417	35.02	9,574	46.79	
14	2010	42,893	138.82	33,977	141.20	171,100	38.38	9,505	43.10	
15	2011	43,153	139.55	32,065	141.43	173,560	37.01	9,066	44.11	
16	注：購入単価は100g当たりの値段									
17	数量は g である									

総務省統計局家計年報より作成
http://www.stat.go.jp/data/kakei/2013np/index.htm

操作方法

① J4 セルをクリックし,入力状態にする。
② 基準を 2000 年とするのであるから,数量を 2000 年に固定する。すなわち,B4,D4,F4,H4 セルを固定して,以下の計算式を入力する。
[=(C4*$B$4+E4*$D$4+G4*$F$4+I4*$H$4)/($C$4*$B$4+$E$4*$D$4+$G$4*$F$4+$I$4*$H$4)*100]
③ J4 セルをドラッグして,J15 セルまでコピーする。

より正確な操作のために

上のような操作方法では,②の操作時に,入力する計算式が煩雑で入力ミスが起こりやすい。表 6.13 から,表 6.14 のような,購入単価と購入数量に関する 2 つの表を作成し,表 6.15 で計算式を入力した方が,操作が簡単である。

表 6.14

	A	B	C	D	E		G	H	I	J	K
1	購入単価						購入数量				
2		生鮮肉	生鮮魚介	生鮮野菜	油脂			生鮮肉	生鮮魚介	生鮮野菜	油脂
3	2000	151.46	153.54	35.80	40.53		2000	41,702	44,188	189,180	10,645
4	2001	146.78	150.35	36.19	40.07		2001	39,811	43,269	184,060	10,402
5	2002	145.65	145.41	35.58	37.54		2002	40,195	44,400	184,059	11,274
6	2003	147.07	141.46	37.38	38.54		2003	39,366	42,759	174,846	10,715
7	2004	150.88	139.92	37.91	39.72		2004	38,603	41,215	173,304	10,724
8	2005	148.68	138.63	35.92	38.18		2005	39,916	40,407	176,226	10,951
9	2006	148.06	143.68	36.90	39.04		2006	39,884	38,499	173,295	10,391
10	2007	148.39	143.31	36.07	40.98		2007	40,647	39,392	176,391	10,253
11	2008	153.47	143.32	35.77	47.90		2008	41,491	36,332	178,710	9,881
12	2009	143.58	138.77	35.02	46.79		2009	43,162	36,274	181,417	9,574
13	2010	138.82	141.20	38.38	43.10		2010	42,893	33,977	171,100	9,505
14	2011	139.55	141.43	37.01	44.11		2011	43,153	32,065	173,560	9,066
15	注: 購入単価は 100g 当たりの値段										
16	数量は g である										

表 6.15

	A	B	C	D	E	F
1						
20	購入単価×購入数量					
21		生鮮肉	生鮮魚介	生鮮野菜	油脂	4 品目の総合指数
22	2000					
23	2001					
24	2002					
25	2003					
26	2004					
27	2005					
28	2006					
29	2007					
30	2008					
31	2009					
32	2010					
33	2011					

操作方法

① 購入数量を2000年に固定するのであるから，H3セルの行を固定しておく。
   B22セルをクリック。[=B3*H$3]と入力する。
② B22セルをドラッグし，E22セルまでドラッグして，コピーする。
③ そのまま，E33セルまでドラッグしてコピーする。
④ F22セルをクリックし，
   =[SUM(B22:E22)/SUM(B$22:E$22)*100]と入力する。
⑤ F22セルをドラッグして，F33セルまでコピーする。

課題6.4

表6.16は，家計調査における全国二人以上の1世帯の1年間の乳製品（牛乳，バター，チーズ，卵）の購入数量と購入単価を，2000年から2011年について示したものである。

以下の(1)，(2)の問いに答えなさい。

(1) 2000年を基準として，4品目の総合価格指数をラスパイレス式で求めよ。
(2) 2011年の2000年を基準とした総合価格指数をパーシェ式で求めよ。

表6.16

	A	B	C	D	E	F	G	H	I	J
1		\multicolumn{8}{c	}{1世帯当たり年間の購入数量及び平均価格（二人以上の世帯）}	
2		牛乳		バター		チーズ		卵		4品目の総合指数
3		数量	価格	数量	価格	数量	価格	数量	価格	
4	2000	108.40	203.21	525	137.60	2,281	143.26	34,305	26.23	
5	2001	102.65	202.37	515	135.63	2,260	137.53	34,190	25.08	
6	2002	103.15	201.06	507	138.43	2,276	136.26	33,254	25.81	
7	2003	103.73	198.69	492	138.77	2,251	136.31	32,860	24.52	
8	2004	101.87	194.54	502	138.07	2,264	131.45	30,903	25.46	
9	2005	97.42	193.62	487	136.80	2,288	133.32	31,015	28.62	
10	2006	94.24	190.86	507	135.56	2,325	135.52	31,274	26.81	
11	2007	90.90	189.62	500	144.25	2,385	139.03	31,070	26.92	
12	2008	86.14	192.58	465	172.45	2,271	160.95	31,542	27.95	
13	2009	84.99	194.98	484	173.45	2,394	167.22	30,997	27.57	
14	2010	85.36	191.00	504	168.94	2,586	157.71	31,185	26.91	
15	2011	80.97	190.77	500	173.57	2,672	156.10	30,830	27.93	
16	注：購入単価は100g当たりの値段									
17	数量はgである									

(3) ラスパイレス式とパーシェ式の特徴

ラスパイレス式

ラスパイレス式では，個別品目の価格を加重平均する際に，基準時の価格，比較時の価格ともに，基準時のウェイトを用いる。ウェイトが基準時に固定されているので，算出が簡単にできるというメリットがある反面，その後の経済構造変化が反映されにくいというデメリットがある。現行の消費者物価指数や企業物価指数では，ラスパイレス式を用いているが，5年に1度ウェイトの改訂を行い，このデメリットを補っている。

パーシェ式

パーシェ式でのウェイトは,比較時を基準として算出されるために経済構造の変化をよりよく反映するが,比較時における数量も把握しなければならず,算出に要する作業量が増える。このため利用頻度は多くない。国民経済計算で使われる GDP デフレーターはパーシェ式の考え方に基づくものである。

【問題1】 物価指数についての記述で正しいのはどれか？
1. 物価指数は比較時点を 100 として計算している。
2. 物価指数の単位はパーセントである。
3. 総合物価指数は単純平均ではなく加重平均で計算している。

【問題2】 物価指数に関する記述で誤りはどれか？
1. 単純平均でなく加重平均で計算する。
2. ウェイトの計算に基準時の数量を使うのはラスパイレス式である。
3. GDP デフレーターはラスパイレス式である。

物価指数関連サイト

●消費者物価指数関連
総務省統計局　消費者物価指数：
　http://www.stat.go.jp/data/cpi/index.htm
総務省統計局　平成 12 年(2000 年)基準消費者物価指数(CPI)結果：
　http://www.stat.go.jp/data/cpi/1.htm
消費者物価指数年報(平成 16 年,2004 年)統計表,主要指標
　http://www.stat.go.jp/data/cpi/2004np/zuhyou/a000.xls
総務省統計局　消費者物価指数のしくみと見方：
　http://www.stat.go.jp/data/cpi/9.htm
総務省統計局　平成 12 年基準消費者物価指数の解説：
　http://www.stat.go.jp/data/cpi/10.htm
総務省統計局　消費者物価指数　長期時系列データ(昭和 45 年〜)：
　http://www.stat.go.jp/data/cpi/200107/zuhyou/a001hh.xls
総務省統計局　消費者物価指数に関する検討資料について：
　http://www.stat.go.jp/data/cpi/8.htm
●企業物価指数関連
日本銀行　物価コーナー
　http://www.boj.or.jp/type/stat/boj_stat/index.htm#08
日本銀行　企業物価指数：
　http://www.boj.or.jp/type/stat/boj_stat/cgpi/index.htm
日本銀行　企業物価指数の解説：
　http://www.boj.or.jp/type/exp/stat/pi/excgpi.htm
日本銀行　卸売物価指数(旧統計)
　　http://www.boj.or.jp/theme/research/stat/stop/wpi/index.htm
日本銀行　卸売物価指数の解説(旧統計の解説)：
　http://www.boj.or.jp/type/exp/stat/pi/exwpi.htm

6.3.3 GDP デフレータと実質 GDP

表 6.17 は，1994 年から 2011 年までの日本の名目国内総生産（GDP），デフレータ，実質国内総生産（単位 10 億円）を示したものである。「暦年」とは 1 月から 12 月までを一つの単位としたものであり，4 月から翌年の 3 月までを単位とする場合は「年度」を用いる。表 6.17 では，デフレータは 2005 年を基準（100）としている。一般に，この GDP デフレーターの増加率がプラスであればインフレーション，マイナスであればデフレーションであると言われている。

表 6.17

民間年間最終消費支出
(単位:10億円　2005年暦年=100　デフレータ:連鎖方式)

暦年	国内総生産(名目)	国内総生産(実質)	デフレータ
1994	273,994.8	259,352.5	105.6
1995	277,744.1	263,686.6	105.3
1996	284,070.9	269,735.9	105.3
1997	289,981.1	272,115.5	106.6
1998	287,545.0	270,060.8	106.5
1999	288,877.1	273,255.6	105.7
2000	288,167.2	274,364.7	105.0
2001	289,787.9	278,745.3	104.0
2002	289,038.3	282,074.3	102.5
2003	287,514.2	283,473.7	101.4
2004	288,599.3	286,741.8	100.6
2005	291,132.6	291,132.6	100.0
2006	293,433.3	294,344.1	99.7
2007	294,122.0	297,063.3	99.0
2008	292,055.4	294,312.8	99.2
2009	282,941.7	292,341.7	96.8
2010	285,867.1	300,436.0	95.2
2011	284,784.3	301,791.0	94.4

出所:内閣府
http://www.esri.cao.go.jp/jp/sna/data/data_list/kakuhou/files/h23/h23_kaku_top.html

表 6.17 からわかるように，名目 GDP，デフレータ，実質 GDP の間には

$$実質国内総生産（実質 GDP）= \frac{名目国内総生産（名目 GDP）}{GDP\ デフレータ} \times 100$$

という関係があることがわかる。

課題 6.5

上記の内容を，実際に Excel で計算して確認しよう。

課題6.6

表6.18は，2001年度〜2011年度における家計最終消費支出と，デフレータを示したものである。

表6.18

	A	B	C	D	E
1	家計最終消費支出　（単位：億円）				
2	年度	消費支出(名目)	デフレータ	消費支出(実質)	増減率
3	2001	283,539.8	103.5		
4	2002	283,574.3	102.2		
5	2003	282,645.6	101.2		
6	2004	282,803.7	100.5		
7	2005	286,566.8	99.9		
8	2006	287,387.4	99.4		
9	2007	288,961.4	99.1		
10	2008	282,483.8	98.8		
11	2009	278,421.2	96.3		
12	2010	278,622.7	94.9		
13	2011	280,638.0	94.3		
14				平均増減率	
15				実質増加率	
16	出典：内閣府				
17	http://www.esri.cao.go.jp/jp/sna/data/data_list/kakuhou/files/h23/h23_kaku_top.html				

このとき，(1)，(2)の問いに答えなさい。

(1) 消費支出(実質)を求め，その増減率を求めなさい
(2) 平均増減率，実質増加率を求めなさい。

> ▶▶▶ [操作方法] のヒント
> ① 消費支出(実質)は消費支出(名目)/デフレータであるから，D3セルに[=B3/C3*100]と入力。D13セルまでドラッグする。
> ② E4セルに[=D4/D3]と入力。E13セルまでドラッグする。
> ③ 増減率は比であるから，平均にはGEOMEAN関数を用いる。
>   E14セルに[=GEOMEAN(E4:E13)]と入力。
> ④ 実質増加率＝平均増減率−1であるから，E15セルに，[=E14-1]を入力する（図6.11）。

6.3 消費者物価指数とデフレータ

	A	B	C	D	E	F
1	家計最終消費支出　（単位：億円）					
2	年度	消費支出(名目)	デフレータ	消費支出(実質)	増減率	
3	2001	283,539.8	103.5	273,951.5		
4	2002	283,574.3	102.2	277,470.0	1.013	
5	2003	282,645.6	101.2	279,294.1	1.007	
6	2004	282,803.7	100.5	281,396.7	1.008	
7	2005	286,566.8	99.9	286,853.7	1.019	
8	2006	287,387.4	99.4	289,122.1	1.008	
9	2007	288,961.4	99.1	291,585.7	1.009	
10	2008	282,483.8	98.8	285,914.8	0.981	
11	2009	278,421.2	96.3	289,118.6	1.011	
12	2010	278,622.7	94.9	293,596.1	1.015	
13	2011	280,638.0	94.3	297,601.3	1.014	
14				平均増減率	1.008	
15				実質増加率	0.008	
16	出典：内閣府					
17	http://www.esri.cao.go.jp/jp/sna/data/data_list/kakuhou/files/h23/h23_kaku_top.html					

図6.11

課題6.7

OECD（経済協力開発機構）の加盟国の名目GDP，及び実質GDPについて調べてみよう。

表6.19は，名目GDPを一部割愛したものである。各国の通貨単位が異なり各国通貨表示のGDPでは比較ができないので，その時々の為替レートを用いて米ドル表示にしている。

表6.19

3−3　国内総生産（名目ＧＤＰ，米ドル表示）(1)

（単位　100万米ドル）

国（地域）	1985	1990	1995	2000	2005	2008	2009	2010
世界	13,024,295	22,241,432	29,985,467	32,286,779	45,744,751	61,232,771	57,960,080	63,063,973
アジア								
日本 a	1,383,381	3,082,736	5,348,827	4,730,102	4,578,144	4,860,796	5,044,388	5,503,527
イスラエル	27,047	57,763	95,985	124,894	133,968	201,660	194,865	217,445
イラン	74,522	91,036	110,304	104,016	205,586	366,295	352,420	386,670
インド	226,460	326,796	369,240	467,788	837,299	1,283,209	1,353,215	1,722,328
インドネシア	95,960	125,720	222,082	165,021	285,869	510,229	539,356	707,448
オマーン	10,281	11,556	13,650	19,450	30,905	60,567	48,865	57,850
カタール	6,153	7,360	8,138	17,760	44,530	115,270	97,798	127,333
韓国	98,502	270,405	531,139	533,385	844,866	931,405	834,060	1,014,369
クウェート	21,446	18,471	26,554	37,718	80,798	147,380	105,902	124,331
サウジアラビア	103,894	116,622	142,268	188,442	315,583	476,305	372,663	434,666
シンガポール	18,463	38,835	87,062	94,308	125,429	189,384	183,332	222,699
スリランカ	6,005	8,204	13,363	16,717	24,406	40,714	41,977	49,549

[出典：総理府統計局 http://www.stat.go.jp/data/sekai/0116.htm#c03]

(1) 2010年において，名目GDPの大きい順に並べ替えてみよう。5位に入る国々はどの国であろうか？

(2) インターネットを利用して実質GDPを調べよう。2010年度において，5位に入る国はどの国々であろうか？　名目GDPの順位と比較して，どのような相違があるか考

(3) 表 6.20 は OECD 加盟国の 1 人当たりの名目 GDP を, 表 6.21 は OECD 加盟国の購買力平価による 1 人当たりの GDP を示したものである。購買力平価とは, 各国の生活水準を各国の物価水準で調整した指標である。1 人当たりの名目 GDP と, 購買力平価による 1 人当たりの GDP とでは, どのように順位が変わっているかを確かめよう。

表 6.20　OECD 各国の 1 人当たりの名目 GDP

(単位　米ドル)

国（地域）	1985	1990	1995	2000	2005	2009	2010	2011
世界	2,701	4,215	5,273	5,307	7,073	8,567	9,254	10,102
アジア								
日本 a	11,448	24,971	#42,641	37,294	35,835	39,398	43,038	46,192
イスラエル	6,624	12,836	18,001	20,764	20,284	26,837	29,312	32,123
イラン	1,603	1,659	1,846	1,592	2,948	5,034	5,799	6,977
インド	289	374	383	444	735	1,105	1,370	1,528
インドネシア	569	679	1,109	773	1,258	2,273	2,952	3,495
オマーン	6,682	6,186	6,116	8,590	12,721	17,280	21,286	25,536
カタール	16,721	15,537	16,231	30,053	54,240	61,210	72,397	92,682
韓国	2,432	6,291	11,892	11,598	17,959	17,389	21,063	23,067
クウェート	12,311	8,848	16,701	19,434	35,688	40,044	45,430	57,102
サウジアラビア	7,859	7,226	7,694	9,401	13,127	14,051	16,610	21,262
シンガポール	6,816	12,874	25,006	24,063	29,402	37,536	44,704	50,087
スリランカ	370	473	733	892	1,230	2,035	2,375	2,812

表 6.21　OECD 加盟国の購買力平価による 1 人当たりの GDP

(単位　米ドル)

国（地域）	2005	2006	2007	2008	2009	2010
OECD加盟国（34）	29,549	31,514	33,100	33,905	32,876	*33,977
アジア						
日本	30,312	31,839	33,536	33,805	32,062	*33,751
イスラエル	23,256	24,784	26,421	27,464	27,462	28,596
韓国	22,783	24,284	26,178	26,877	27,171	29,101
トルコ	11,391	12,895	13,894	15,025	14,442	*15,666
北アメリカ						
アメリカ合衆国	42,414	44,522	46,227	46,647	45,087	46,588
カナダ	35,106	36,863	38,350	38,989	37,853	39,070
メキシコ	12,461	13,741	14,486	15,267	14,397	15,200
南アメリカ						
チリ	12,194	13,033	13,888	14,570	14,335	15,107

[http://www.stat.go.jp/data/sekai/03.htm]

第7章 相加平均と相乗平均

Data Analysis based ICT for All Students of the Faculty of Economics or Business

7.1 相加平均と相乗平均の意味

n個の資料(データ)について調べ,それぞれのデータの値が $x_1, x_2, x_3, \cdots, x_n$ であるとき,$\frac{(x_1+x_2+x_3\cdots x_n)}{n}$ をこのデータに対する算術平均 (arithmetic mean)または相加平均といい,$\bar{x}$で表す。相加平均は最も多く使われている平均で,日常生活における殆どの平均は相加平均である。

さらに,資料を整理した度数分布表において,階級値 x_i に対する度数を f_i とするとき,階級値に,その度数を重みとして得られた

$$x = \frac{f_1 x_1 + f_2 x_2 + \cdots + f_n x_n}{f_1 + f_2 + \cdots f_n} \left(= \frac{\sum_{k=1}^{n} f_k x_k}{\sum_{k=1}^{n} f_k} \right)$$

を,重み付き(weighted mean)平均または,加重平均という。加重平均は,総合指数,消費者物価指数等,さまざまな項目に重みがかかっているような場合に,それらを総合的に捉える目的で使われる。

また,相加平均に対して,比率の平均に用いられる平均 $\sqrt[n]{x_1 x_2 x_3 \cdots x_n}$ を幾何平均 (geometric mean)または相乗平均という。

経済・ビジネス分野においては,相加平均は,例えば季節変動を伴う四半期ごとの移動平均を求める場合や,消費者物価指数,株価の平均を求める場合などに用いられ,相乗平均は,経済成長率の平均,人口増減率の平均など,比率で表される指標の平均として多く利用される。

相加平均と相乗平均の違いを見てみよう。

表7.1

		差	比
1	10		
2	20	10	2
3	60	40	3
4	240	180	4
5	1020	780	5
6	6120	5100	6
合計		6110	20
相加平均		1222	4
相乗平均			3.727919

表7.1は、データが10, 20, ・・・, 6120と増えて行く場合、その差と比を取ったものである。差や比を取ったものの相加平均は、それぞれ6110/5, 20/5 = 4 となる。

差を取った場合は、$6120 = 10 + (6110/5) \times 5$ となり、等式 = が成り立つ。

しかし、比を取った場合、同様にして $6120 = 10 + (20/5) \times 5$ が成り立たないことは一目瞭然である。したがって、比の平均は別の計算方法を考えなければならないことがわかる。

ここで、$(2 \times 3 \times 4 \times 5 \times 6)$ の5乗根 $\sqrt[5]{2 \times 3 \times 4 \times 5 \times 6}$ を考えると $10 \times \left((2 \times 3 \times 4 \times 5 \times 6) \text{の5乗根の5乗}\right)$ は

$$10 \times \left(\sqrt[5]{2 \times 3 \times 4 \times 5 \times 6}\right)^5 = 6120$$

となり、= が成り立つ。

つまり、比の平均は、比を掛け合わせたものの累乗根を取ればよいことがわかる。これが、相乗平均である。経済成長率の平均は相乗平均を用いる。

相加平均や相乗平均について、実際にその計算をして求めてみよう。

7.2 移動平均：相加平均

図7.1は，2001年〜2012年の四半期ごとの名目GDP（原系列：季節調整なし）を表したものである。グラフから，夏季の7月〜9月は落ち込み，冬季の10月〜12月は急上昇しているので，季節による影響を受けていることがわかる。このような場合，四半期ごとに変化を見て行くと，細かい変化に目を奪われ，全体の大きな傾向を読み損ねる場合がある。このような場合は，季節による変動を取り除き，全体の大きな傾向を掴むことが必要である。季節変動を取り除く方法としては，対前年同期比を取ったり，移動平均を取るといった手法がよく用いられる。

図7.2は，図7.1の四半期名目原系列のデータで，季節による変動を調整したものである。季節変動を取り除いた季節調整系列（図7.2）を見ると，GDPが2008年から2009年にかけて非常に落ち込んでいる様子がわかる。

ここでは，移動平均の実際の求め方について学ぼう。

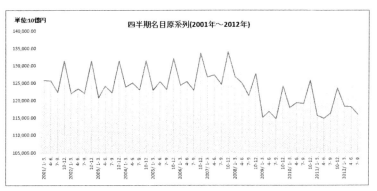

図7.1

[http://www.esri.cao.go.jp/jp/sna/data/data_list/sokuhou/files/2012/qe123_2/gdemenuja.html]

図7.2

[http://www.esri.cao.go.jp/jp/sna/data/data_list/sokuhou/files/2012/qe123_2/gdemenuja.html]

演習 7.1 | 移動平均：相加平均

2006年～2012年における四半期名目原系列（表7.2）において，移動平均（3項平均）を（1）計算式で求める（2）関数を用いる（3）分析ツールを用いるという3通りの方法で求めよう。

表7.2

	A	B	C	D	E
1	名目原系列			(単位10億円)	
2		国内総生産(支出側)	3項平均	3項平均	3項平均
3			式で求める	関数で求める	分析ツールを用いる
4	2006/ 1-3.	124,438.30			
5	4-6.	125,457.50			
6	7-9.	123,059.40			
7	10-12.	133,731.80			
8	2007/ 1-3.	126,857.70			
9	4-6.	127,447.50			
10	7-9.	124,630.40			
11	10-12.	134,039.60			
12	2008/ 1-3.	126,905.80			
13	4-6.	125,002.10			
14	7-9.	121,452.90			
15	10-12.	127,848.50			
16	2009/ 1-3.	115,216.60			
17	4-6.	116,932.20			
18	7-9.	114,750.40			
19	10-12.	124,239.40			
20	2010/ 1-3.	118,011.80			
21	4-6.	119,394.30			
22	7-9.	119,179.50			
23	10-12.	125,798.80			
24	2011/ 1-3.	115,725.40			
25	4-6.	114,981.80			
26	7-9.	116,346.80			
27	10-12.	123,569.20			
28	2012/ 1-3.	118,384.90			
29	4-6.	118,292.20			
30	7-9.	115,998.70			

操作方法

(1) 方法1　セルに計算式を代入する。
　① C5セルをクリックし，[=(B4+B5+B6)/3]と入力する。
　② C5セルをクリックし，C29セルまでドラッグしてコピーする。

(2) 方法2　セルに関数を代入する。
　① D5セルをクリックする。
　② メニューから[数式]をクリック→[その他の関数]→[統計]→[AVERAGE]を選択する。
　③ 表示されたダイアログボックスで，B4～B6セルをドラッグし，[OK]ボタンをクリック。

④ D5セルをクリックし，D29セルまでドラッグしてコピーする。

(3) 方法3　分析ツールを利用する。

ここでは，分析ツールを用いるが，分析ツールはデフォルト（初期設定の状態）ではインストールされていない場合が多い。その場合は，以下の手順で，分析ツールをインストールする。

■分析ツールのインストール

操作方法

① ［ファイル］ボタンをクリックし，［オプション］をクリック。
② 表示された［Excelのオプション］ウィンドウで［アドイン］をクリックし，［管理(A)］ボックスが「Excelアドイン」なっていることを確認する（図7.3）。

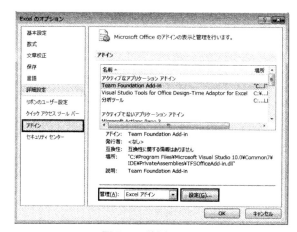

図7.3　分析ツール

③ ［設定］ボタンをクリックし，表示された［アドイン］ウィンドウで［分析ツール］にチェックマークを入れる（図7.4）。→［OK］ボタンをクリック。

図7.4

④ メニューバーの[データ]タブをクリックすると、分析ツールがインストールされ[分析]グループに[データ分析]ボタンが表示されたことを確認する（図7.5）。

図7.5

それでは、分析ツールを利用しよう。

■分析ツールを利用する

操作方法

① 表7.2のE5セルをクリックし、[データ]→[データ分析]をクリック。
② 表示されたプルダウンメニューから[移動平均]を選択する。
③ [OK]ボタンをクリック。
④ 表示されるダイアログボックス（図7.6）で、
 - [入力範囲(I)]をクリックし、[B4～B30]セルをドラッグ。
 - 更に、[区間(N)]をクリックし[3]を入力する。
 - [出力先(O)]をクリックし、[E4]セルをクリック。
 - [OK]ボタンをクリックする。

図7.6

E4～E5セルに、[#N/A]が表示されるが、これは3項の平均を取る際にB2、B3セルに数値が入力されていないためである。

⑤ E4～E5セルに表示されている、[#N/A]を削除する。
⑥ E6～E30セルを範囲選択し、E5セルまでドラッグして移動する。

課題 7.1

2006年～2012年における四半期名目原系列（表7.3）において、移動平均（2項平均、3項平均、4項平均）を求めよう。―相加平均―

表7.3

	A	B	C	D	E
1	名目原系列			（単位10億円）	
2		国内総生産(支出側)	2項平均	3項平均	4項平均
3	2006/1-3.	124,438.30			
4	4-6	125,457.50			
5	7-9	123,059.40			
6	10-12.	133,731.80			
7	2007/1-3.	126,857.70			
8	4-6	127,447.50			
9	7-9	124,630.40			
10	10-12.	134,039.60			
11	2008/1-3.	126,905.80			
12	4-6	125,002.10			
13	7-9	121,452.90			
14	10-12.	127,848.50			
15	2009/1-3.	115,216.60			
16	4-6	116,932.20			
17	7-9	114,750.40			
18	10-12.	124,239.40			
19	2010/1-3.	118,011.80			
20	4-6	119,394.30			
21	7-9	119,179.50			
22	10-12.	125,798.80			
23	2011/1-3.	115,725.40			
24	4-6	114,981.80			
25	7-9	116,346.80			
26	10-12.	123,569.20			
27	2012/1-3.	118,384.90			
28	4-6	118,292.20			
29	7-9	115,998.70			

■ 4項平均の求め方

移動平均を取る場合、特に時系列においては、時点 t を中心とした前後の m 期間（m 項）の平均を求めて時点 t の値とする。m が奇数の場合は、時点 t を中心に取ることができるので問題はないが、m が偶数の場合は、前後のどちらかに偏った平均値となる。この偏りを是正するために、期間 m が偶数の場合は、以下のような中心化移動平均という計算方法を用いる。

たとえば4項平均の場合、時点 t におけるデータの値を a_t とすると、

$$\left(\frac{a_{t-1} + \boxed{a_t} + a_{t+1} + a_{t+2}}{4} + \frac{a_{t-2} + a_{t-1} + \boxed{a_t} + a_{t+1}}{4} \right) \div 2$$

の値を求める。上の式は

$$\left(\frac{a_{t-2} + 2a_{t-1} + 2\boxed{a_t} + 2a_{t+1} + a_{t+2}}{8} \right)$$

となる訳であるから、t 時点から見て前後の偏りのない値を求めることができる。

課題 7.2

6項平均の場合は、どのような式になるか考えよう。

7.3 平均経済成長率：相乗平均

演習 7.2

表 7.4 は，2003 年～2008 年実質暦年の GDP を示したものである。2003 年～2008 年の平均経済成長率を求めよう。

表 7.4

	A	B	C	D
1	実質暦年	国内総生産(支出側)	(単位:2000暦年連鎖価格、10億円)	
2	Calendar Year		前年度比(経済成長率＋1)	前年度比(経済成長率＋1)
3	2003/1-12.	512,513.00		
4	2004/1-12.	526,577.70		
5	2005/1-12.	536,762.20		
6	2006/1-12.	547,709.30		
7	2007/1-12.	560,517.50		
8	2008/1-12.	556,513.50		
9	2003-2008年の 平均経済成長率			
10	平均経済成長率(前年度比をかけあわせて，相乗根を求める)			

操作方法

C9 セルには，計算式(数式を入力)を用い，D9 セルでは [GEOMEAN] 関数を用いて平均経済成長率を求めてみよう。

■ C9 セルの計算式

① C4 セルをクリックし，[=B4/B3] と入力する。
② C4 セルを C8 セルまでドラッグし，コピーする。
③ C9 セルをクリック。→ [=(C4*C5*C6*C7*C8)^(1/5)] と入力する。
  ⓘ 注　例えば，x の 5 乗根 $\sqrt[5]{x}$ は Excel 上では [=x^(1/5)] と入力する。
④ ③の C9 セルの値から 1 を引いた数値が求める平均経済成長率である。
  C10 セルをクリック。→ [=C9-1] と入力する。

■ D9 セルの計算式

① C4 セルから C8 セルまでをドラッグして範囲指定する。
② 右クリックで [コピー] を選択する。
③ D4 セルを右クリックし，[形式を選択して貼り付け] をクリック。貼り付けの欄にある [値] を選択し，[OK] を選択する。
  ⓘ 注　このようにすると，セルに表示された値のみをペーストすることができる。

④ D9セルをクリック。
⑤ [数式]タブ→[その他の関数]ボタン→[統計]→[GEOMEAN]関数をクリック。
⑥ 表示された[GEOMEAN]関数のダイアログボックスで,範囲をD4セル~D8セルを指定する。→[OK]ボタンをクリック。
⑦ ⑥のD9セルの値から1を引いた数値が,求める平均経済成長率である。
D10セルをクリック。→[=D9-1]と入力する。

課題7.3　相乗平均

下の表7.5は1994年~2008年までの実質GDPを示したものである。このデータを基に,表7.6のような3項平均経済成長率を,(1)計算式を入力する　(2)Geomean関数を用いるといった2通りの方法で求めよう。

表7.5

	A	B	C	D	E	F
1	平均経済成長率＝相乗平均					
2	実質暦年			(単位:2000暦年連鎖価格、10億円)		
3	Calendar Year	GDP (expenditure approach)	経済成長率+1	3項平均経済成長率+1 (数式)	3項平均経済成長率+1 (関数)	3項平均経済成長率
4	1994/1-12.	469,969.10				
5	1995/1-12.	479,181.40				
6	1996/1-12.	492,340.10				
7	1997/1-12.	500,072.30				
8	1998/1-12.	489,824.10				
9	1999/1-12.	489,130.00				
10	2000/1-12.	503,119.80				
11	2001/1-12.	504,047.50				
12	2002/1-12.	505,369.40				
13	2003/1-12.	512,513.00				
14	2004/1-12.	526,577.70				
15	2005/1-12.	536,762.20				
16	2006/1-12.	547,709.30				
17	2007/1-12.	560,517.50				
18	2008/1-12.	556,513.50				

表7.6

	A	B	C	D	E	F
1	平均経済成長率＝相乗平均					
2	実質暦年			(単位:2000暦年連鎖価格、10億円)		
3	Calendar Year	GDP (expenditure approach)	経済成長率+1	3項平均経済成長率+1 (数式)	3項平均経済成長率+1 (関数)	3項平均経済成長率
4	1994/1-12.	469,969.10				
5	1995/1-12.	479,181.40	1.02			
6	1996/1-12.	492,340.10	1.03	1.02	1.02	2.09%
7	1997/1-12.	500,072.30	1.02	1.01	1.01	0.73%
8	1998/1-12.	489,824.10	0.98	1.00	1.00	-0.22%
9	1999/1-12.	489,130.00	1.00	1.00	1.00	0.20%
10	2000/1-12.	503,119.80	1.03	1.01	1.01	0.96%
11	2001/1-12.	504,047.50	1.00	1.01	1.01	1.09%
12	2002/1-12.	505,369.40	1.00	1.01	1.01	0.62%
13	2003/1-12.	512,513.00	1.01	1.01	1.01	1.47%
14	2004/1-12.	526,577.70	1.03	1.02	1.02	2.03%
15	2005/1-12.	536,762.20	1.02	1.02	1.02	2.24%
16	2006/1-12.	547,709.30	1.02	1.02	1.02	2.10%
17	2007/1-12.	560,517.50	1.02	1.01	1.01	1.21%
18	2008/1-12.	556,513.50	0.99			

▶▶▶ [操作方法] のヒント
■ Step1　実質 GDP の前年比を求める。
① C5 セルをクリックし,[=B5/B4]と入力する。
② C5 セルをクリックし,C18 セルまでドラッグし,コピーする。

■ Step2　次に相乗平均を求める。
　方法(1)　セルに式を代入する。
　3 項平均なので,3 年分のデータを掛け合わせて,その 3 乗根を取ればよい。
③ D6 セルをクリックし,[=(C5*C6*C7)^(1/3)]と入力する。
④ D6 セルをクリックし,D17 セルまでドラッグし,コピーする。

　方法(2)　セルに関数(GEOMEAN)を代入する。
③ E6 セルをクリックし,[数式]→[その他の関数]→[統計]→[GEOMEAN]をクリックする。
④ 表示された GEOMEAN 関数ダイアログボックス上で,[数値 1]をクリックし,C5 から C7 セルを選択する。→[OK]ボタンをクリックする。
　E6 セルをクリックし,E17 セルまでドラッグして,コピーする。

■ Step3　いよいよ,3 項平均経済成長率を求めよう。
　経済成長率は,Step1 や Step2 で求めた値から 1 を引いたものである。
⑤ F6 セルをクリックし,[=E6-1]と入力する。
⑥ F6 セルをクリックし,F17 セルまでドラッグして,コピーする。
⑦ 表示形式を[％表示]とし,小数点以下 2 桁とする。

7.4 移動平均と成長率のグラフ

(1) 移動平均のグラフ

演習7.3

前述の課題7.1における表7.3において，GDP四半期名目原系列に関する4項移動平均のグラフを描いてみよう（図7.7）。

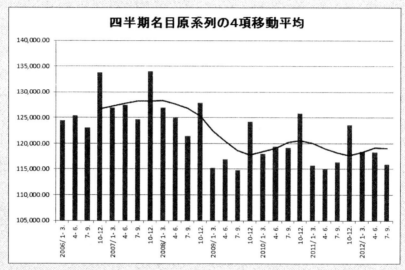

図7.7

操作方法

① 表7.3のA2セルをクリックし，B29セルまでドラッグして範囲指定する。
② ［挿入］→［縦棒］を選択。
③ グラフの縦棒部分にカーソルを合わせ，右クリック。表示されたダイアログボックスから［近似曲線の追加］をクリックする（図7.8）。

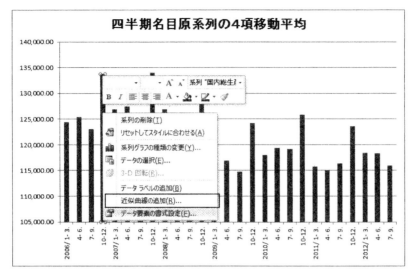

図7.8

④ 表示された[近似曲線のオプション]ダイアログボックス(図7.9)で[移動平均]を選択し，[区間]を4に設定する。

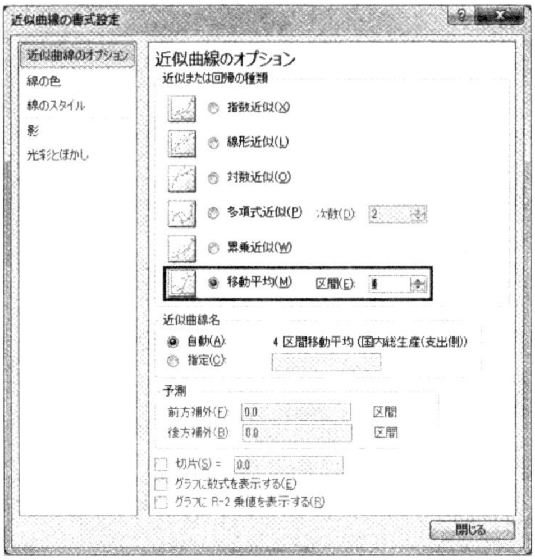

図7.9

⑤ 移動平均の曲線の色を変える場合には，[近似曲線のオプション]ダイアログボックス(図7.9)の左にある[線の色]をクリックし，[線(単色)]をクリックする。見やすいと思う任意の色を選択し，[閉じる]ボタンをクリックする。

同様に区間を3，5等に変更して近似曲線を追加してみよう。必要であればそれぞれのグラフの色を変えて見やすくしよう。

> 注　最初に，年は範囲に入れずに，後で入れる軸の取り方
> 　　表7.3のB3セルをクリックし，B29セルまでドラッグして範囲指定して，グラフを描いた場合，グラフのx軸(横軸)には，「1,2,3〜」という数値が表示され

る。この場合は，
① グラフ下部の「1,2,3〜」という部分を右クリックし，[データの選択]をクリックする。
② 表示されたダイアログボックス上で横(項目)軸ラベルの下にある，[編集]をクリックし，A3セル〜A29セルをドラッグして範囲指定する。

(2) GDPと経済成長率／平均経済成長率のグラフ

演習7.4

表7.7は1994年〜2008年の実質GDPにおける経済成長率を示したものである。この表を基に，図7.10のような，実質GDPと経済成長率のグラフを描いてみよう。

表7.7

	A	B	C
1	Annual Real GDP (calendar year)		
2	実質暦年	国内総生産(支出側)	
3	Calendar Year	GDP (expenditure approach)	経済成長率
4	1994	469,969.10	
5	1995	479,181.40	1.02
6	1996	492,340.10	1.03
7	1997	500,072.30	1.02
8	1998	489,824.10	0.98
9	1999	489,130.00	1.00
10	2000	503,119.80	1.03
11	2001	504,047.50	1.00
12	2002	505,369.40	1.00
13	2003	512,513.00	1.01
14	2004	526,577.70	1.03
15	2005	536,762.20	1.02
16	2006	547,709.30	1.02
17	2007	560,517.50	1.02
18	2008	556,513.50	0.99
19	(単位:2000暦年連鎖価格、10億円)		

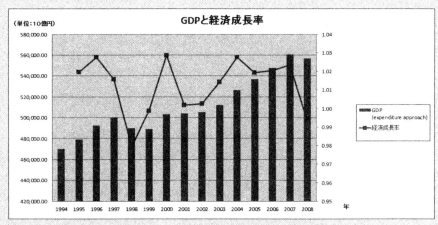

図7.10

(!)注 表7.7におけるC列に示された値は，GDPの前年度比である。通常はこの値から1を引いた数値を経済成長率という。

操作方法

① B3セルをクリックし，C18セルまでドラッグする。
② リボンの[挿入]タブ→[グラフ]グループ→[縦棒]ボタン→[集合縦棒]を選択し，クリックする(図7.11)。

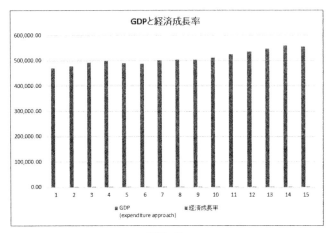

図7.11

③ グラフ上でクリック。[グラフツール]→[レイアウト]タブをクリック(図7.12)。

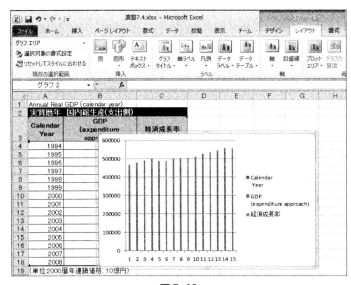

図7.12

④ 画面左上の[現在の選択範囲]グループ→[グラフエリア]の右の▼をクリック。
⑤ 表示されたプルダウンメニューから，[系列"経済成長率"]をクリックする(図7.13)。

図 7.13

⑥ GDP と経済成長率は，その性質が全く異なるものであるから，それぞれに軸を取る必要がある。操作方法としては，グラフ上に経済成長率のグラフが選択されるので，さらに，[現在の選択範囲]グループ→[選択範囲の書式設定]をクリック(図7.14)。

図 7.14

⑦ 表示された[データ系列の書式設定]ダイアログボックス上で，[使用する軸]の欄にある[第2軸(上／右側)]を選択する(図7.15)。

図 7.15

⑧ [閉じる]ボタンをクリック。すると,グラフ上に第2軸(経済成長率)が設定される(図7.16)。

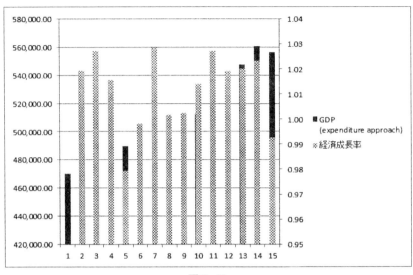

図7.16

⑨ 次に,経済成長率は折れ線グラフで表示しよう。

「経済成長率」の棒グラフ上でクリック。[グラフツール]→[デザイン]タブをクリック。

⑩ [種類]グループの中の[グラフの種類の変更]ボタンをクリックする(図7.17)。

図7.17

⑪ 表示された[グラフの種類の変更]ダイアログボックスの中で,[折れ線]→[マーカー付き折れ線]を選択し,[OK]ボタンをクリックする(図7.18)。

⑫ グラフ下部の「1,2,3〜」という部分を右クリックし,[データの選択]をクリック

する。
⑬ 表示されたダイアログボックス上で,横(項目)軸ラベルの下にある,[編集]をクリックし,A4セルからA18セルをドラッグする。すると,x軸(横軸)に1994年〜2008年の暦年が表示される(図7.18)。

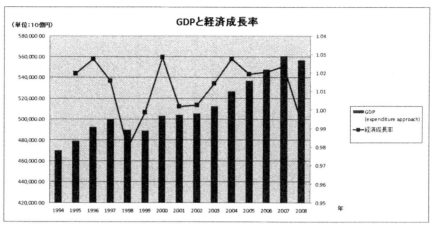

図7.18

課題7.4

表7.8のようなGDPと経済成長率及び3項平均経済成長率の表を基に,図7.19のようなグラフを描こう。

表7.8

	A	B	C	D
1	Annual Real GDP (calendar year)			
2	実質暦年 内総生産(支出側)(単位:2000暦年連鎖価格、10億円)			
3	Calendar Year	GDP (expenditure approach)	経済成長率	3項平均経済成長率
4	1994	469,969.10		
5	1995	479,181.40	1.02	
6	1996	492,340.10	1.03	1.02
7	1997	500,072.30	1.02	1.01
8	1998	489,824.10	0.98	1.00
9	1999	489,130.00	1.00	1.00
10	2000	503,119.80	1.03	1.01
11	2001	504,047.50	1.00	1.01
12	2002	505,369.40	1.00	1.01
13	2003	512,513.00	1.01	1.01
14	2004	526,577.70	1.03	1.02
15	2005	536,762.20	1.02	1.02
16	2006	547,709.30	1.02	1.02
17	2007	560,517.50	1.02	1.01
18	2008	556,513.50	0.99	

(!) 注 表7.8におけるD列に示された数値から1を引いたものを,通常,平均経済成長率という。

第7章 相加平均と相乗平均

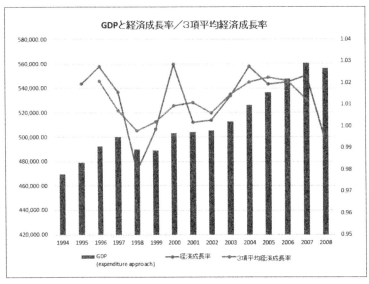

図7.19

操作方法

■ Step1 ■ 経済成長率を第2軸として設定し，折れ線グラフとする。

① B3セルをクリックし，D18セルまでドラッグして範囲指定する。
② 演習7.4と同様にして，第2軸を設定したグラフを描く(図7.20)。

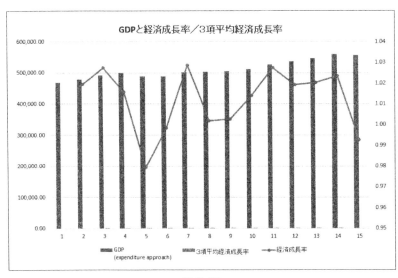

図7.20

■ Step2 ■ 3項平均経済成長率を第2軸に設定し，折れ線グラフとする。

③ Step1と同様に，[3項平均経済成長率]を選択し(図7.21)，第2軸として設定する。

7.4 移動平均と成長率のグラフ | 183

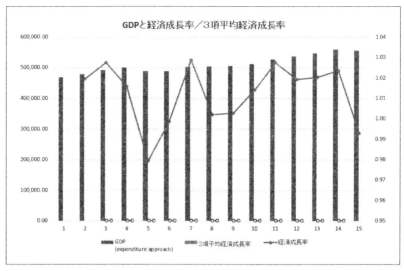

図 7.21

さらに[グラフの種類の変更]で[マーカー付き折れ線]を選択する(図 7.19)。

■ Step3 ■ 暦年を横軸(項目ラベル)に入力する。

④ グラフ下部の横軸(項目ラベル)「1,2,3〜」上で右クリックし,表示されたメニューで[データの選択]をクリックする。

⑤ 表示された[データソースの選択]ダイアログボックス上で,[横(項目)軸ラベル]の下にある,[編集]をクリックし,A4 セルから A18 セルをドラッグして範囲指定する(図 7.22)。

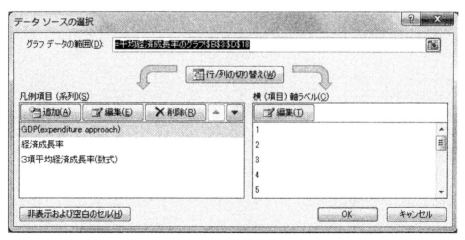

図 7.22

課題 7.5

表 7.9 は，2011 年 1 月～2014 年 6 月の日経平均株価を月ごとに示したものである。下の (1)，(2) の問いに答えなさい。

(1) このデータを基に，3 項平均を (a) 式で求める (b) 関数で求める (c) 分析ツールを用いるといった 3 通りの方法で求めなさい。

(2) (1) を基に第 2 軸を設定し，日経平均株価 (棒グラフ) と，3 項平均のグラフ (折れ線グラフ) を描きなさい。

表 7.9

	A	B	C	D	E
1	日経平均株価の推移(単位：円)				
2	年月日	日経平均株価	3項平均 (式で求める)	3項平均 (関数で求める)	3項平均 (分析ツールで求める)
3	2011/1/1	10237.92			
4	2011/2/1	10624.09			
5	2011/3/1	9755.1			
6	2011/4/1	9849.74			
7	2011/5/1	9693.73			
8	2011/6/1	9816.09			
9	2011/7/1	9833.03			
10	2011/8/1	8955.2			
11	2011/9/1	8700.29			
12	2011/10/1	8988.39			
13	2011/11/1	8434.61			
14	2011/12/1	8455.35			
15	2012/1/1	8802.51			
16	2012/2/1	9723.24			
17	2012/3/1	10083.56			
18	2012/4/1	9520.89			
19	2012/5/1	8542.73			
20	2012/6/1	9006.78			

[出典：日経平均プロフィル(日本経済新聞社)，http://ecodb.net/stock/nikkei.html]

課題 7.6

表 7.10 は，1994 年度～2013 年度における実質 GDP を示したものである (単位：10 億円)。このとき，(1)，(2) の問いに答えなさい。

(1) このデータを基に，3 項平均経済成長率を求めなさい。

(2) (1) を基に第 2 軸を設定し，実質 GDP (棒グラフ) と 3 項平均経済成長率のグラフ (折れ線グラフ) を描きなさい。

表7.10

	A	B	C	D	E	F
1	実質年度	国内総生産(支出側)（単位2005暦年 Annual Real GDP (Fiscal Year)				
2	Fiscal Year	GDP(Expenditure Approach)	経済成長率+1	3項平均経済成長率+1（数式）	3項平均経済成長率+1（関数）	3項平均経済成長率
3	1994/4-3	447,167.40				
4	1995/4-3	459,057.60				
5	1996/4-3	471,311.40				
6	1997/4-3	472,005.50				
7	1998/4-3	464,970.40				
8	1999/4-3	467,481.10				
9	2000/4-3	476,723.30				
10	2001/4-3	474,685.40				
11	2002/4-3	479,870.80				
12	2003/4-3	490,755.90				
13	2004/4-3	497,912.60				
14	2005/4-3	507,158.00				
15	2006/4-3	516,038.20				
16	2007/4-3	525,469.90				
17	2008/4-3	505,794.70				
18	2009/4-3	495,497.80				
19	2010/4-3	512,423.90				
20	2011/4-3	514,147.90				
21	2012/4-3	517,525.80				
22	2013/4-3	529,319.60				
23	http://www.esri.cao.go.jp/jp/sna/menu.html					

7.5 移動平均とZチャート

Zチャートとは，図7.24のように毎月の販売高推移を，①月毎の販売高 ②累積販売高 ③月毎の移動年計の3つを折れ線グラフで表したものである。グラフを折れ線グラフで描くと，丁度，アルファベットのZという文字に似たグラフとなるので，Zチャートと呼ばれている。Zチャートを用いると，細かな変動（季節変動など）に左右されない大きな変動や傾向を把握することができる。

ここで，③月ごとの移動年計とは，当月から遡って1年間分の販売高の合計である。例えば，2008年1月の移動年計とは，その前年2007年2月から1年間分（2008年1月まで）の売り上げ合計のことである。そのため，Zチャートを描くためには，2年間分の月ごとの販売高のデータが必要である。

また，月毎の移動年計（12カ月移動和ともいう）の計算式は

＝前月の移動年計＋当月販売高－前年の当月販売高

でも求められる。実際に移動年計を求め，Zチャートを描いてみよう。

演習7.5

表7.11は，2010年から2011年における，1世帯当たりのアイスクリーム購入金額を示したものである。この表を基にZチャートを描いてみよう（図7.23）。

表7.11

年度	月	購入金額	累積購入金額	移動年計
2010年	1月	362		
	2月	305		
	3月	383		
	4月	464		
	5月	752		
	6月	841		
	7月	1211		
	8月	1451		
	9月	864		
	10月	504		
	11月	351		
	12月	423		
2011年	1月	346		
	2月	289		
	3月	329		
	4月	462		
	5月	672		
	6月	791		
	7月	1265		
	8月	1241		
	9月	767		
	10月	516		
	11月	393		
	12月	423		

http://www.icecream.or.jp/data/index.html
日本アイスクリーム協会

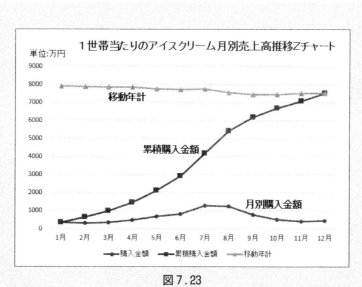

図 7.23

操作方法

■ Step1 ■ 2011 年の累積購入金額を求める
① D15 セルをクリックし, [=D14+C15] と入力する。
② D15 セルを D26 セルまでコピーする。

■ Step2 ■ 2011 年の移動年計を求める
③ E15 セルをクリックし, [=SUM(C4:C15)] と入力する。
　つまり, 2011 年 1 月の移動年計とは, その前年 2010 年 2 月から 1 年間分 (2011 年 1 月まで) の売り上げ合計のことである。
④ E15 セルを, E26 セルまでコピーする。

■ Step3 ■ Z チャートのグラフを描こう。
⑤ C15 セル から E26 セルまでをドラッグして範囲指定する。
⑥ [挿入]→[グラフ]グループ→[折れ線]ボタン→[マーカー付き折れ線]をクリック。
⑦ タイトルや凡例を入れてグラフを整える (図 7.23)。

　図 7.23 のグラフで, 2011 年 1 月の購入金額と累計購入金額は同じ値となり, 12 月の移動年計と累計購入金額も同じ値となるので, アルファベットの Z のような形になることに注目しよう。
　移動年計の折れ線は, 月毎の年間販売高の推移を表している。そのため, 移動年計のグラ

フが右上がりの時は，販売高が上昇傾向にあり，横ばいの時は，販売高も横ばいで変化が少なく，さらに，右下がりの時は，販売高が下降傾向にあることを示している。

(1) 右上がりの時：販売高は上昇傾向にある。

(2) 横ばいの時：販売高も横ばいで変化が少ない。

(3) 右下がりの時：販売高は下降傾向にある。

課題7.7

表7.12は，2007年から2008年における，1世帯当たりのアイスクリーム購入金額を示したものである。この表を基に，累計購入金額，移動年計を求め，Zチャートを描いてみよう。

表7.12

年度	月	購入金額	累積購入金額	移動年計
2007年	1月	347		
	2月	292		
	3月	387		
	4月	466		
	5月	652		
	6月	768		
	7月	908		
	8月	1279		
	9月	784		
	10月	469		
	11月	324		
	12月	405		
2008年	1月	346		
	2月	288		
	3月	404		
	4月	501		
	5月	689		
	6月	727		
	7月	1182		
	8月	1190		
	9月	691		
	10月	477		
	11月	355		
	12月	414		

http://www.icecream.or.jp/data/index.html
日本アイスクリーム協会

第8章 経済変化の要因分析

Data Analysis based ICT for All Students of the Faculty of Economics or Business

　生活費,国内総生産等,あるデータがいくつかの項目で構成され,その和として表されていたとする。そのデータの値が変化(増加・減少)した時,そのデータを構成している各項目が,全体の変化にどのくらい影響を及ぼしているかを分析することが往々にして求められる。このような変化の要因分析に用いられる指標として,増減率,寄与度,寄与率,さらに修正寄与率がある。

8.1 寄与度／寄与率／修正寄与率とは

　今,t 年度の GDP を S_t とし,S_t は項目 A_t,B_t,C_t で構成されているとする。このとき,非常に単純化して,

　　t 年度の GDP が　　　$A_t + B_t + C_t = S_t$　　で表され,

　　$t+1$ 年度の GDP が　$A_{t+1} + B_{t+1} + C_{t+1} = S_{t+1}$　に変化したとする。

　この全体 (S_t) の変化に,各項目 (A_t,B_t,C_t) の変化がどのくらい影響を及ぼしているかを示す指標が,増減率,寄与度,寄与率,さらには修正寄与率である。上の式から,それぞれの値を式で表すと以下のようである。

(1) 各項目の増減率は,項目ごとにそれぞれ

$$\frac{(A_{t+1}-A_t)}{A_t},\ \frac{(B_{t+1}-B_t)}{B_t},\ \frac{(C_{t+1}-C_t)}{C_t},\ \frac{(S_{t+1}-S_t)}{S_t}$$

で表される数値である。

(2) 各項目の寄与度とは,項目ごとに

$$\frac{(A_{t+1}-A_t)}{S_t},\ \frac{(B_{t+1}-B_t)}{S_t},\ \frac{(C_{t+1}-C_t)}{S_t},\ \frac{(S_{t+1}-S_t)}{S_t}$$

で表される数値であり，

$$\frac{(A_{t+1}-A_t)}{S_t}+\frac{(B_{t+1}-B_t)}{S_t}+\frac{(C_{t+1}-C_t)}{S_t}=\frac{(S_{t+1}-S_t)}{S_t}$$

が成り立つ。ここで，全体項目S_tの寄与度＝全体項目の増減率となることに注目しよう。

(3) 各項目の寄与率とは，項目ごとに

$$\frac{(A_{t+1}-A_t)}{(S_{t+1}-S_t)},\ \frac{(B_{t+1}-B_t)}{(S_{t+1}-S_t)},\ \frac{(C_{t+1}-C_t)}{(S_{t+1}-S_t)},\ \frac{(S_{t+1}-S_t)}{(S_{t+1}-S_t)}$$

で表される数値であり，寄与度と同様に

$$\frac{(A_{t+1}-A_t)}{(S_{t+1}-S_t)}+\frac{(B_{t+1}-B_t)}{(S_{t+1}-S_t)}+\frac{(C_{t+1}-C_t)}{(S_{t+1}-S_t)}=\frac{(S_{t+1}-S_t)}{(S_{t+1}-S_t)}$$

が成り立つ。

ここで，

$$\frac{(A_{t+1}-A_t)}{(S_{t+1}-S_t)}=\frac{\frac{(A_{t+1}-A_t)}{S_t}}{\frac{(S_{t+1}-S_t)}{S_t}}$$

であるから，

$$項目Aの寄与率=\frac{項目Aの寄与度}{全体項目Sの寄与度}$$

となる。

(4) 修正寄与率とは，上記(3)の寄与率を，以下のように修正したものである。

(3)の寄与率をそのまま用いると，寄与度がマイナスになる項目を含んでいたり，全体項目の寄与度が0に近い値であった場合には，寄与率の数値は大きくなり過ぎて，実情に比してあまり参考にならない場合がある。そのような場合には，以下のように各項目の絶対値

$$|A_{t+1}-A_t|,\ |B_{t+1}-B_t|,\ |C_{t+1}-C_t|$$

をとり，この和をSとする。すなわち

$$S=|A_{t+1}-A_t|+|B_{t+1}-B_t|+|C_{t+1}-C_t|$$

である。

このとき，Sは必ず正の数となる。このようなSを用いて，修正寄与率，

$$\frac{(A_{t+1}-A_t)}{S},\ \frac{(B_{t+1}-B_t)}{S},\ \frac{(C_{t+1}-C_t)}{S},\ \frac{(S_{t+1}-S_t)}{S}$$

を用いた方が，信憑性のある数値が得られる。

この場合でも，以下の式が成り立つ。

$$\frac{(A_{t+1}-A_t)}{S}+\frac{(B_{t+1}-B_t)}{S}+\frac{(C_{t+1}-C_t)}{S}=\frac{(S_{t+1}-S_t)}{S}$$

8.2 構成比／増減率／寄与度／寄与率を求める

演習 8.1

表 8.1 は，2003 年と 2004 年における 1 世帯当たりの平均 1 か月の支出を表したものである。この表から，各項目の構成比，増減率，寄与度，寄与率を求めなさい。

表 8.1

	A	B	C	D	E	F	G	H	I
1		1世帯あたり年平均1か月間の支出(全国)							
2		2003年	2004年	2003年構成比	2004年構成比	増減額	増減率	寄与度	寄与率
3	食料	70260	70116						
4	住居	20237	19474						
5	光熱・水道費	20900	20990						
6	家具・家事用品費	10292	9961						
7	被服及び履物費	13967	13572						
8	保健・医療費	12339	12215						
9	交通・通信費	37505	39272						
10	教育費	13303	13581						
11	教養・娯楽費	30234	31262						
12	その他	73586	73760						
13	消費支出合計								

操作方法

① 初めに，消費支出合計を求める。

B3 セルをクリックし，B12 セルまでドラッグ。→[オート SUM]ボタンをクリックする。その後，B13 セルをドラッグして C13 セルにコピーする。

② 構成比を求める。

D3 セルをクリックし，[=B3/B$13]と入力する。その後，D3 セルをクリックし，D13 セルまでドラッグし，コピーする。そのまま，D13 セルをドラッグして E13 セルにコピーする。

③ 増減額を求める。

F3 セルをクリックし，[=C3-B3]と入力する。その後，F3 セルをクリックし，F13 セルまでドラッグし，コピーする。

④ 増減率を求める。

G3 セルをクリックし，[=(C3-B3)/B3]と入力する。その後，G3 セルをクリックし，G13 セルまでドラッグし，コピーする。

⑤ 寄与度を求める。

H3 セルをクリックし，[=(C3-B3)/B$13]と入力する。その後，H3 セルをクリックし，H13 セルまでドラッグし，コピーする。

⑥ 寄与率を求める。

I3 セルをクリックし，[=H3/$H$13]と入力する．その後，I3 セルをクリックし，I13 セルまでドラッグし，コピーする

演習 8.2

表 8.1 から求めた表 8.2 について，以下の(1)，(2)に従って，グラフを描こう．
(1) 表 8.2 の 2003 年度の構成比を円グラフで表しなさい．
(2) 寄与度を棒グラフで表しなさい．

表 8.2

	A	B	C	D	E	F	G	H
1		1世帯あたり年平均1か月間の支出(全国)						
2		2003年	2004年	2003年構成比	2004年構成比	増減率	寄与度	寄与率
3	食料	70260	70116	0.23	0.23	-0.205	-0.048	-9.114
4	住居	20237	19474	0.07	0.06	-3.770	-0.252	-48.291
5	光熱・水道費	20900	20990	0.07	0.07	0.431	0.030	5.696
6	家具・家事用品費	10292	9961	0.03	0.03	-3.216	-0.109	-20.949
7	被服及び履物費	13967	13572	0.05	0.04	-2.828	-0.131	-25.000
8	保健・医療費	12339	12215	0.04	0.04	-1.005	-0.041	-7.848
9	交通・通信費	37505	39272	0.12	0.13	4.711	0.584	111.835
10	教育費	13303	13581	0.04	0.04	2.090	0.092	17.595
11	教養・娯楽費	30234	31262	0.10	0.10	3.400	0.340	65.063
12	その他	73586	73760	0.24	0.24	0.236	0.057	11.013
13	消費支出合計	302623	304203	1.00	1.00	0.522	0.522	100.000

(1) の操作方法 　2003 年構成比の円グラフを作成する

① D2 セルをクリックし，D12 セルまでドラッグする．
② [挿入]→[円グラフ]と選択し，グラフを作成する．
③ グラフ上で右クリック．→表示されるダイアログボックスで，[データの選択]をクリックする．
④ [横(項目)軸]ラベルにある[編集]をクリックする．その後，A3 セルから A12 セルまでドラッグし，[OK]を選択する．
⑤ グラフ上で右クリック．→表示されるダイアログボックスでから[データラベルの書式設定]を選択する．その後，[分類名]，[パーセンテージ]，[引出線を表示する]にチェックマークを入れる．

(2) の操作方法 　寄与度の棒グラフを作成する

① G2 セルをクリックし，G13 セルまでドラッグする．
② [挿入]→[棒グラフ]と選択し，グラフを選択する．
③ グラフ上で右クリック．表示されるダイアログボックスから，[データの選択]をク

リックする。
④ 表示されたダイアログボックス上で[横(項目)軸]ラベルにある[編集]をクリックする。その後，A3セルからA12セルまでドラッグし，[OK]ボタンをクリック。

演習 8.3 ｜ 増減率／寄与度／寄与率

表8.3から，増減額，増減率，寄与度，寄与率を求めなさい。

表8.3

	A	B	C	D	E	F	G
1	実質国内総支出（単位10億円，平成2年基準）						
2	年度	1993	1994	増減額	増減率	寄与度	寄与率
3	民間需要	361784.6	364885.6				
4	公的需要	81159.8	82321.0				
5	外国需要	9813.2	8483.4				
6	国内総支出	452757.6	455690.0				
7	出典：内閣府経済社会総合研究所ホームページ (SNA 統計より算出)						
8	●国内総支出＝民間需要＋公的需要＋外国需要　とする						

操作方法

① 増減額を求める。

　D3セルをクリックし，[=C3-B3]と入力する。その後，D3セルからD6セルまでドラッグし，コピーする。

② 増減率を求める。

　E3セルをクリックし，[=D3/B3]と入力する。その後，E3セルからE6セルまでドラッグし，コピーする。

③ 寄与度を求める。

　F3セルをクリックし，[=D3/$B$6]と入力する。その後，F3セルからF6セルまでドラッグし，コピーする。

④ 寄与率を求める。

　G3セルをクリックし，[=D3/$D$6]と入力する。その後，G3セルからG6セルまでドラッグし，コピーする。

演習 8.4

表 8.4 は，2001 年～2010 年における海外に進出している現地法人企業数の推移を地域別に示したものである。各年の寄与度を求めなさい（表 8.5）。

表 8.4

	A	B	C	D	E	F	G	H	I	J	K
1	現地法人企業数の推移（地域別）										（単位：社）
2		01年度	02年度	03年度	04年度	05年度	06年度	07年度	08年度	09年度	10年度
3	全地域	12,476	13,322	13,875	14,996	15,850	16,370	16,732	17,658	18,201	18,599
4	北米	2,596	2,663	2,630	2,743	2,825	2,830	2,826	2,865	2,872	2,860
5	中南米	738	750	766	781	823	834	892	900	900	972
6	アジア	6,345	7,009	7,496	8,464	9,174	9,671	9,967	10,712	11,217	11,497
7	中東	63	67	71	72	76	76	83	97	99	108
8	ヨーロッパ	2,147	2,246	2,332	2,388	2,384	2,405	2,423	2,513	2,522	2,536
9	オセアニア	456	456	460	449	446	430	413	435	456	481
10	アフリカ	131	131	120	119	122	124	128	136	135	145

http://www.meti.go.jp/statistics/tyo/kaigaizi/result/result_41.html
経済産業省：第 41 回海外事業活動基本調査結果概要確報より作成

表 8.5

	M	N	O	P	Q	R	S	T	U	V
1	現地法人企業数寄与度（地域別）									（単位：社）
2		02年度	03年度	04年度	05年度	06年度	07年度	08年度	09年度	10年度
3	全地域	0.0678	0.0415	0.0808	0.0569	0.0328	0.0221	0.0553	0.0308	0.0219
4	北米	0.0054	-0.0025	0.0081	0.0055	0.0003	-0.0002	0.0023	0.0004	-0.0007
5	中南米	0.0010	0.0012	0.0011	0.0028	0.0007	0.0035	0.0005	0.0000	0.0040
6	アジア	0.0532	0.0366	0.0698	0.0473	0.0314	0.0181	0.0445	0.0286	0.0154
7	中東	0.0003	0.0003	0.0001	0.0003	0.0000	0.0004	0.0008	0.0001	0.0005
8	ヨーロッパ	0.0079	0.0065	0.0026	0.0011	0.0013	0.0011	0.0054	0.0005	0.0008
9	オセアニア	0.0000	0.0003	-0.0008	-0.0002	-0.0010	-0.0010	0.0013	0.0012	0.0014
10	アフリカ	0.0000	-0.0008	-0.0001	0.0002	0.0001	0.0002	0.0005	-0.0001	0.0005

操作方法

寄与度の定義（p. 189）より，寄与度は，それぞれの項目ごとに

$$\frac{(A_{t+1}-A_t)}{S_t},\ \frac{(B_{t+1}-B_t)}{S_t},\ \frac{(C_{t+1}-C_t)}{S_t},\ \ldots,\ \frac{(S_{t+1}-S_t)}{S_t}$$

と表されるのであるから，

① N3 セルをクリックし，[=(C3-B3)/B$3] と入力する。
② N3 セルを N10 セルまでドラッグして，コピーする。
③ そのまま右に V10 セルまでドラッグして，コピーする。すなわち，N3～N10 セルを，V3～V10 セルまでコピーする。

このとき，表8.6のようにセル表示を％ポイントとすると良い。

表8.6

	M	N	O	P	Q	R	S	T	U	V
12	現地法人企業数寄与度（地域別）%ポイント表示									（単位：社）
13		02年度	03年度	04年度	05年度	06年度	07年度	08年度	09年度	10年度
14	全地域	6.78%	4.15%	8.08%	5.69%	3.28%	2.21%	5.53%	3.08%	2.19%
15	北米	0.54%ポイント	-0.25%ポイント	0.81%ポイント	0.55%ポイント	0.03%ポイント	-0.02%ポイント	0.23%ポイント	0.04%ポイント	-0.07%ポイント
16	中南米	0.1%ポイント	0.12%ポイント	0.11%ポイント	0.28%ポイント	0.07%ポイント	0.35%ポイント	0.05%ポイント	0.0%ポイント	0.4%ポイント
17	アジア	5.32%ポイント	3.66%ポイント	6.98%ポイント	4.73%ポイント	3.14%ポイント	1.81%ポイント	4.45%ポイント	2.86%ポイント	1.54%ポイント
18	中東	0.03%ポイント	0.03%ポイント	0.01%ポイント	0.03%ポイント	0.0%ポイント	0.04%ポイント	0.08%ポイント	0.01%ポイント	0.05%ポイント
19	ヨーロッパ	0.79%ポイント	0.65%ポイント	0.26%ポイント	0.11%ポイント	0.13%ポイント	0.11%ポイント	0.54%ポイント	0.05%ポイント	0.08%ポイント
20	オセアニア	0.0%ポイント	0.03%ポイント	-0.08%ポイント	-0.02%ポイント	-0.1%ポイント	-0.1%ポイント	0.13%ポイント	0.12%ポイント	0.14%ポイント
21	アフリカ	0.0%ポイント	-0.08%ポイント	-0.01%ポイント	0.02%ポイント	0.01%ポイント	0.02%ポイント	0.05%ポイント	-0.01%ポイント	0.05%ポイント

操作方法

① 表8.6で，N14～V14セルを範囲指定する。％スタイル表示（数値グループ）として，小数点以下の桁数を2桁とする。

② N15セルをV21セルまでドラッグして，範囲選択する。

③ ［セルの書式設定］→［ユーザー定義］→［0.0###%"ポ""イ""ン""ト"］表示をクリックする（表8.6）。

!注　％と％ポイントの相違

ニュースその他で，○○ポイント上昇したとか下落したといった表現を耳にする。％と％ポイントは，どのように異なるのであろうか？

％ポイントとは，比較の対象を同一のものとした〔同じ土俵に立った〕％の差を意味する。例えば，40％から30％に変化したとき，差は10％ポイントであるという。単に10％減少というと，40％－30％の意味なのか，40％の10％で4％減少したのか，いささか不明である。一般に指数の変化や変化率の値の差は，○○％ポイント又は○○ポイントと表現する。

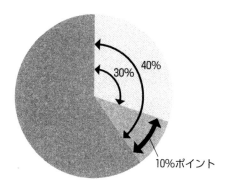

演習 8.5 | 寄与度の推移のグラフ

演習 8.4（表 8.5）から，図 8.1 のような，現地企業法人寄与度の推移（地域別）グラフを作成しなさい。

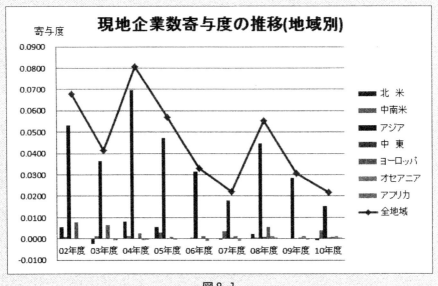

図 8.1

操作方法

① ［現地法人企業数寄与度］シート（表 8.5）上で，M2 セルから V10 セルをドラッグし，［挿入］→［縦棒］→［2D 縦棒］をクリック。すると，図 8.2 のようなグラフが表示される。
② ここで，［全地域］を折れ線グラフで表してみよう。
［全地域］の棒グラフ上で右クリック。→表示されるダイアログボックス上で［系列グラフの種類の変更］をクリック。→［折れ線グラフ］を選択する（図 8.2）。

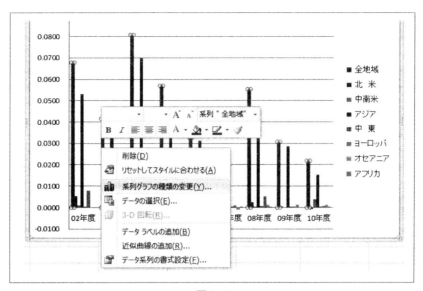

図8.2

③ [グラフタイトル]や[データラベル]を作成し整える(図8.3)。

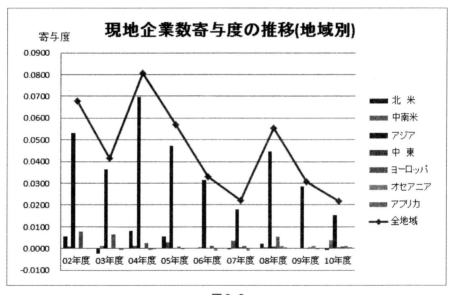

図8.3

演習 8.6

表 8.4 から，現地法人企業数の推移の寄与率（表 8.7）を，以下の 2 通りの方法で求めなさい。

［方法 1］寄与率の定義（p.190）に従って計算する。
［方法 2］寄与率を，寄与度（表 8.8）を用いて求める（p.190）。

表 8.7　現地法人企業数の推移　寄与率

	M	N	O	P	Q	R	S	T	U	V
1	現地法人企業数の推移（地域別）　寄与率									（単位：社）
2		02年度	03年度	04年度	05年度	06年度	07年度	08年度	09年度	10年度
3	全地域	1.000	1.000	1.000	1.000	1.000	1.000	1.000	1.000	1.000
4	北米	0.079	-0.060	0.101	0.096	0.010	-0.011	0.042	0.013	-0.030
5	中南米	0.014	0.029	0.013	0.049	0.021	0.160	0.009	0.000	0.181
6	アジア	0.785	0.881	0.864	0.831	0.956	0.818	0.805	0.930	0.704
7	中東	0.005	0.007	0.001	0.005	0.000	0.019	0.015	0.004	0.023
8	ヨーロッパ	0.117	0.156	0.032	0.019	0.040	0.050	0.097	0.017	0.035
9	オセアニア	0.000	0.007	-0.010	-0.004	-0.031	-0.047	0.024	0.039	0.063
10	アフリカ	0.000	-0.020	-0.001	0.004	0.004	0.011	0.009	-0.002	0.025

［方法 1］　項目別寄与率の定義に従って計算しよう

寄与率は，定義（p.190）より，それぞれの項目ごとに

$$\frac{(A_{t+1}-A_t)}{(S_{t+1}-S_t)},\ \frac{(B_{t+1}-B_t)}{(S_{t+1}-S_t)},\ \frac{(C_{t+1}-C_t)}{(S_{t+1}-S_t)},\ \cdots,\ \frac{(S_{t+1}-S_t)}{(S_{t+1}-S_t)}$$

と表されるのであるから，この式に従って計算する。

操作方法

① 表 8.7 で，N3 セルをクリックし，[=(C3-B3)/(C$3-B$3)] と入力する（表 8.4）。
② N3 セルを N10 セルまでドラッグして，コピーする。
③ そのまま右に V10 セルまでドラッグして，コピーする。すなわち，N3～N10 セルを，V3～V10 セルまでコピーする。

［方法 2］　項目別寄与率を，寄与度（表 8.8）から求める（p.190）

表 8.8　寄与度

	A	B	C	D	E	F	G	H	I	J
13	現地法人企業数の推移(地域別) 寄与度									(単位：社)
14		02年度	03年度	04年度	05年度	06年度	07年度	08年度	09年度	10年度
15	全地域	0.0678	0.0415	0.0808	0.0569	0.0328	0.0221	0.0553	0.0308	0.0219
16	北　米	0.0054	-0.0025	0.0081	0.0055	0.0003	-0.0002	0.0023	0.0004	-0.0007
17	中南米	0.0010	0.0012	0.0011	0.0028	0.0007	0.0035	0.0005	0.0000	0.0040
18	アジア	0.0532	0.0366	0.0698	0.0473	0.0314	0.0181	0.0445	0.0286	0.0154
19	中　東	0.0003	0.0003	0.0001	0.0003	0.0000	0.0004	0.0008	0.0001	0.0005
20	ヨーロッパ	0.0079	0.0065	0.0026	0.0011	0.0013	0.0011	0.0054	0.0005	0.0008
21	オセアニア	0.0000	0.0003	-0.0008	-0.0002	-0.0010	-0.0010	0.0013	0.0012	0.0014
22	アフリカ	0.0000	-0.0008	-0.0001	0.0002	0.0001	0.0002	0.0005	-0.0001	0.0005

操作方法

① 表8.7の，N3セルをクリックし，[=B15/B$15]と入力する。
② N3セルをN10セルまでドラッグして，コピーする。
③ そのまま右にV10セルまでドラッグして，コピーする。すなわち，N3～N10セルを，V3～V10セルまでコピーする。

- [方法1]と[方法2]で，同じ結果が得られることを確かめよ。

修正寄与率

演習8.7　寄与率／修正寄与率

表8.4から，現地法人企業数の推移の修正寄与率(表8.15)を求めなさい。

▶▶▶ [操作方法] のヒント

修正寄与率(p.190)とは，

$$S = |A_{t+1} - A_t| + |B_{t+1} - B_t| + |C_{t+1} - C_t| + \cdots$$

とした時の，

$$\frac{(A_{t+1} - A_t)}{S}, \frac{(B_{t+1} - B_t)}{S}, \frac{(C_{t+1} - C_t)}{S}, \cdots, \frac{(S_{t+1} - S_t)}{S}$$

の式で表される数値であるから，寄与度(表8.10)を利用して求めると以下のようである。

操作方法

■ Step1 ■ 各項目の寄与度の絶対値を取り,その合計を求める。

① 表8.9のような修正寄与率作成用の表を作成し,各項目の絶対値の合計を求めよう。

表8.9

	M	N	O	P	Q	R	S	T	U	V
1	現地法人企業数修正寄与率作成用シート 絶対値の合計を求める									(単位:社)
2		02年度	03年度	04年度	05年度	06年度	07年度	08年度	09年度	10年度
3	全地域									
4	北 米									
5	中南米									
6	アジア									
7	中 東									
8	ヨーロッパ									
9	オセアニア									
10	アフリカ									
11	絶対値合計									

② 表8.9で,N4セルをクリックし,[=ABS(B4)](表8.10を参照)と入力する。

表8.10

	A	B	C	D	E	F	G	H	I	J
1	現地法人企業数寄与度(地域別)									(単位:社)
2		02年度	03年度	04年度	05年度	06年度	07年度	08年度	09年度	10年度
3	全地域	0.0678	0.0415	0.0808	0.0569	0.0328	0.0221	0.0553	0.0308	0.0219
4	北 米	0.0054	-0.0025	0.0081	0.0055	0.0003	-0.0002	0.0023	0.0004	-0.0007
5	中南米	0.0010	0.0012	0.0011	0.0028	0.0007	0.0035	0.0005	0.0000	0.0040
6	アジア	0.0532	0.0366	0.0698	0.0473	0.0314	0.0181	0.0445	0.0286	0.0154
7	中 東	0.0003	0.0003	0.0001	0.0003	0.0000	0.0004	0.0008	0.0001	0.0005
8	ヨーロッパ	0.0079	0.0065	0.0026	0.0011	0.0013	0.0011	0.0054	0.0005	0.0008
9	オセアニア	0.0000	0.0003	-0.0008	-0.0002	-0.0010	-0.0010	0.0013	0.0012	0.0014
10	アフリカ	0.0000	-0.0008	-0.0001	0.0002	0.0001	0.0002	0.0005	-0.0001	0.0005

③ N4セルをドラッグしてN10セルまでコピーする。
④ そのまま,右にドラッグしてV10セルまでコピーする。
⑤ N11セルをクリックし,[=SUM(N4:N10)]と入力する。
⑥ そのまま,右にドラッグしてV11セルまでコピーする(表8.11)。

表8.11

	M	N	O	P	Q	R	S	T	U	V
	N11		fx	=SUM(N4:N10)						
1	現地法人企業数修正寄与率作成用シート　絶対値の合計を求める									(単位：社)
2		02年度	03年度	04年度	05年度	06年度	07年度	08年度	09年度	10年度
3	全地域									
4	北　米	0.0054	0.0025	0.0081	0.0055	0.0003	0.0002	0.0023	0.0004	0.0007
5	中南米	0.0010	0.0012	0.0011	0.0028	0.0007	0.0035	0.0005	0.0000	0.0040
6	アジア	0.0532	0.0366	0.0698	0.0473	0.0314	0.0181	0.0445	0.0286	0.0154
7	中　東	0.0003	0.0003	0.0001	0.0003	0.0000	0.0004	0.0008	0.0001	0.0005
8	ヨーロッパ	0.0079	0.0065	0.0026	0.0011	0.0013	0.0011	0.0054	0.0005	0.0008
9	オセアニア	0.0000	0.0003	0.0008	0.0002	0.0010	0.0010	0.0013	0.0012	0.0014
10	アフリカ	0.0000	0.0008	0.0001	0.0002	0.0001	0.0002	0.0005	0.0001	0.0005
11	絶対値合計	0.0678	0.0481	0.0825	0.0573	0.0348	0.0247	0.0553	0.0309	0.0232

⑥　N11～V11セルを，N3～V3セルにコピーする。この時，値の貼り付けを選択し，値のみをペーストする（表8.12）。

表8.12

	M	N	O	P	Q	R	S	T	U	V
	N3		fx	0.0678101 95575505						
1	現地法人企業数修正寄与率作成用シート　絶対値の合計を求める									(単位：社)
2		02年度	03年度	04年度	05年度	06年度	07年度	08年度	09年度	10年度
3	全地域	0.0678	0.0481	0.0825	0.0573	0.0348	0.0247	0.0553	0.0309	0.0232
4	北　米	0.0054	0.0025	0.0081	0.0055	0.0003	0.0002	0.0023	0.0004	0.0007
5	中南米	0.0010	0.0012	0.0011	0.0028	0.0007	0.0035	0.0005	0.0000	0.0040
6	アジア	0.0532	0.0366	0.0698	0.0473	0.0314	0.0181	0.0445	0.0286	0.0154
7	中　東	0.0003	0.0003	0.0001	0.0003	0.0000	0.0004	0.0008	0.0001	0.0005
8	ヨーロッパ	0.0079	0.0065	0.0026	0.0011	0.0013	0.0011	0.0054	0.0005	0.0008
9	オセアニア	0.0000	0.0003	0.0008	0.0002	0.0010	0.0010	0.0013	0.0012	0.0014
10	アフリカ	0.0000	0.0008	0.0001	0.0002	0.0001	0.0002	0.0005	0.0001	0.0005
11	絶対値合計	0.0678	0.0481	0.0825	0.0573	0.0348	0.0247	0.0553	0.0309	0.0232

■ Step2 ■　項目別修正寄与率を求める

①　N4～V11セルを[DEL]キーで，一旦，消す（表8.13）。

表8.13

	M	N	O	P	Q	R	S	T	U	V
1	現地法人企業数修正寄与率作成用シート　絶対値の合計を求める									(単位：社)
2		02年度	03年度	04年度	05年度	06年度	07年度	08年度	09年度	10年度
3	全地域	0.0678	0.0481	0.0825	0.0573	0.0348	0.0247	0.0553	0.0309	0.0232
4	北　米									
5	中南米									
6	アジア									
7	中　東									
8	ヨーロッパ									
9	オセアニア									
10	アフリカ									
11	絶対値合計									

② B4～J10セル(表8.10)の値(寄与度)を，N4～V10セルにコピーする。

④ 表8.14のような表を用意し，N16セルをクリックし，[=N3/N\$3]と入力する。

表8.14

N16　　　fx　=N3/N\$3

	M	N	O	P	Q	R	S	T	U	V
14	現地法人企業数修正寄与率									(単位：社)
15		02年度	03年度	04年度	05年度	06年度	07年度	08年度	09年度	10年度
16	全地域	1.0000								
17	北　米									
18	中南米									
19	アジア									
20	中　東									
21	ヨーロッパ									
22	オセアニア									
23	アフリカ									

⑤ N16セルをN23セルまでドラッグしてコピーする。

⑥ そのまま右へV23セルまでドラッグしてコピーする。すなわち，N16～N23セルを，V16～V23セルまでコピーする(表8.15)。

表8.15

	M	N	O	P	Q	R	S	T	U	V
14	現地法人企業数修正寄与率									(単位：社)
15		02年度	03年度	04年度	05年度	06年度	07年度	08年度	09年度	10年度
16	全地域	1.0000	1.0000	1.0000	1.0000	1.0000	1.0000	1.0000	1.0000	1.0000
17	北　米	0.0792	-0.0515	0.0987	0.0953	0.0091	-0.0099	0.0421	0.0128	-0.0284
18	中南米	0.0142	0.0250	0.0131	0.0488	0.0199	0.1436	0.0086	0.0000	0.1706
19	アジア	0.7849	0.7598	0.8454	0.8256	0.9004	0.7327	0.8045	0.9266	0.6635
20	中　東	0.0047	0.0062	0.0009	0.0047	0.0000	0.0173	0.0151	0.0037	0.0213
21	ヨーロッパ	0.1170	0.1342	0.0314	0.0186	0.0380	0.0446	0.0972	0.0165	0.0332
22	オセアニア	0.0000	0.0062	-0.0096	-0.0035	-0.0290	-0.0421	0.0238	0.0385	0.0582
23	アフリカ	0.0000	-0.0172	-0.0009	0.0035	0.0036	0.0099	0.0086	-0.0018	0.0237

演習 8.8 修正寄与率の積み上げ棒グラフ

演習 8.7 で作成した，修正寄与率の積み上げ棒グラフを作成しなさい（図 8.4）。

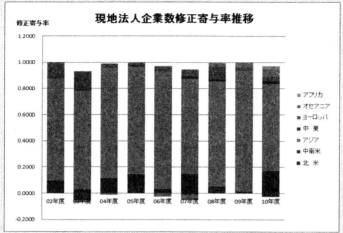

図 8.4

操作方法

① M15 セルから V23 セルまでを範囲指定し，[挿入]→[グラフ]グループの[縦棒]→[積み上げ縦棒]をクリック。
② タイトル，軸ラベルを挿入し，グラフを整える。

課題 8.1

表 8.16 は，2001 年～2010 年の，地域別現地法人売上高（10 億円）を示したものである。下の(1)，(2)の問いに答えなさい。

(1) 表 8.16 を基に，各年の寄与度を求めなさい。
(2) 同様に，寄与率と修正寄与率を求めなさい。

表 8.16

	A	B	C	D	E	F	G	H	I
1	地域別現地法人売上高の推移							（単位：十億円）	
2		01年度	03年度	05年度	06年度	07年度	08年度	09年度	10年度
3	全地域	134,917	145,175	184,950	214,196	236,208	201,679	164,466	183,195
4	北 米	59,462	58,043	66,196	74,193	79,053	61,857	51,989	52,802
5	中南米	7,053	4,976	6,354	8,111	10,883	9,792	6,709	10,071
6	アジア	35,867	43,683	65,374	75,838	85,717	78,065	67,325	79,711
7	中 東	1,336	1,729	2,518	2,557	1,759	1,789	1,119	1,219
8	ヨーロッパ	26,759	32,169	38,258	46,317	50,713	42,305	31,089	32,578
9	オセアニア	3,901	3,997	4,978	5,427	6,159	6,202	4,878	5,236
10	アフリカ	540	1,272	1,272	1,752	1,924	1,671	1,358	1,578
11	http://www.meti.go.jp/statistics/tyo/kaigaizi/result/result_41.html								
12	経済産業省：第41回海外事業活動基本調査結果概要報より作成								

第 9 章

単利と複利　指数と対数

Data Analysis based ICT for All Students of the Faculty of Economics or Business

その前に　指数と対数の復習

貯蓄やローンなど金融に関する内容を取り扱う場合には、指数や対数を用いることが多い。初めに、指数や対数について、その計算方法や性質を復習しておこう。

[練習1]

たとえば、$2^3=8$ のとき $2=\sqrt[3]{8}$
$3=\log_2 8$ と表される。

以下の計算をしなさい。

$(5)^3 =$ 　　　　　$(2)^4 =$ 　　　　　$(3)^4 =$

$(2)^5 =$ 　　　　　$(4)^3 =$ 　　　　　$(6)^3 =$

$\log_2(8) =$ 　　　$\log_3(9) =$ 　　　$\log_5(25) =$

$\log_2(32) =$ 　　$\log_3(27) =$ 　　$\log_5(125) =$

$\log_2(16) =$ 　　$\log_4(64) =$ 　　$\log_6(216) =$

一般に $\log_a(b)$ とは、a を底とする b の対数という。

$a>0$, $a \neq 1$, $M>0$ のとき、$a^p = M \Leftrightarrow p = \log_a M$

また

$\log_a(a)^m = m$, $\log_a(b)^m = m\log_a(b)$

が成り立つ。

9.1 貯蓄 単利と複利

貯蓄やローンなど金融に関する内容について考えよう。利息を計算する方法としては，単利法と複利法がある。元金，利率，貯蓄する期間，元利合計の関係を計算式で示すと以下のようである。

(1) 単利法と複利法による計算式

単利法による計算の場合，一般に，A を元金，r を利率（年），n を年数としたとき，元利合計（預金額）B は，

$$B = A + \underbrace{Ar + Ar + \cdots + Ar}_{n 個} = A(1+nr)$$ である。

複利法による場合，A を元金，r を利率（年），n を年数としたとき，元利合計（預金額）B は，

$$B = A \times \underbrace{(1+r) \times (1+r) \times \cdots \times (1+r)}_{n 個} = A \times (1+r)^n = A(1+r)^n$$ である。

(2) 単利と複利の関係を，表やグラフで見てみよう

たとえば，元金100万円，年利率を0.05とした時の利息と元利合計（預金額）を，単利法と複利法の両方の計算方法で求め比較してみると，以下のような表（表9.1）とグラフ（図9.1）になることがわかる（p.212 演習9.4を参照）。

表9.1

単利と複利 元金	元金1000000円の場合	
	単利利率5%	複利利率5%
	1000000	1000000
1	1050000	1050000
2	1100000	1102500
3	1150000	1157625
4	1200000	1215506.25
5	1250000	1276281.56
6	1300000	1340095.64
7	1350000	1407100.42
8	1400000	1477455.44
9	1450000	1551328.22
10	1500000	1628894.63
11	1550000	1710339.36
12	1600000	1795856.33
13	1650000	1885649.14
14	1700000	1979931.6
15	1750000	2078928.18
16	1800000	2182874.59
17	1850000	2292018.32
18	1900000	2406619.23
19	1950000	2526950.2
20	2000000	2653297.71

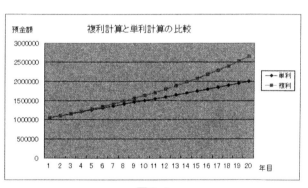

図9.1

表9.1と図9.1から，複利と単利では，1年後は元利合計（預金額）が同じであるが，年数を経るほど，複利の方が得であり，その差が大きくなっていくことがわかる。

9.2 式の変形

　実際に貯蓄をする場合，10年後に100万円貯めたいので，利率3％であれば最初にいくら積んでおく必要があるだろうか？とか，200万円貯めるには何年かかるであろうか？とかいったことを考えることが多い。そのような計算は，前述の(1)の計算式を変形することにより求められる。

　前述の(1)式を基に，式をいろいろと変形してみよう。

(1) 単利法の場合

　A を元金，r を利率(年)，n を貯蓄年数としたとき，貯蓄金額 B は

$$B = A(1+nr) \cdots\cdots ①$$

で表される。この式を以下のように変形しなさい。

■利率(年)r，貯蓄年数 n，貯蓄金額 B から，A の元金を求めるには，①の式を

$$A = \frac{B}{1+nr}$$

と変形する。

■同様に，利率(年)r，貯蓄金額 B，元金 A から，貯蓄年数 n を求めるには，①の式を

$$(1+nr) = \frac{B}{A}$$

$$nr = \frac{B}{A} - 1$$

$$n = \frac{\left(\frac{B}{A}-1\right)}{r} = \frac{\left(\frac{B-A}{A}\right)}{r} = \frac{B-A}{Ar}$$

と変形すればよい。

(2) 複利法の場合

　今，A を元金，r を利率(年)，n を貯蓄年数としたとき，貯蓄金額 B は，

$$B = A(1+r)^n \cdots\cdots ①$$

と表される。

　この式を，以下のように変形しなさい。

■利率(年)r，貯蓄年数 n，貯蓄金額 B から，A の元金を求めるには，①式を変形して

$$A = \frac{B}{(1+r)^n}$$

■また,同様に,利率(年)r, 貯蓄金額B, 元金Aがわかっていて,貯蓄年数nを求めるには,①式を変形して

$$(1+r)^n = \frac{B}{A}$$

$$n\log(1+r) = \log\left(\frac{B}{A}\right)$$

$$n = \frac{\log\left(\frac{B}{A}\right)}{\log(1+r)}$$

■同様に,貯蓄金額B, 元金A, 貯蓄年数nから,利率(年)rを求めるには,①式を変形して

$$(1+r) = \sqrt[n]{\frac{B}{A}}$$

$$r = \sqrt[n]{\frac{B}{A}} - 1 \quad \text{とすればよい。}$$

(3) 元金・年利率

上で求めた数式を,Excel上で入力して,計算しよう。

演習9.1 単利の場合

表9.2は,元金と年利率と貯蓄年数の関係を示したものである。空白になっているセルには,どのような式を入力したらよいだろうか？

表9.2

	A	B	C	D
1				
2	元金, 年利率, 年数シミュレーション			
3				
4	■単利の場合			
5	(1)貯蓄合計を求める			
6	元金	年利率	年数	貯蓄合計
7	1000000	0.05	20	
8				
9	(2)元金を求める			
10	元金	年利率	年数	貯蓄合計
11		0.05	20	2000000
12				
13	(3)年利率を求める			
14	元金	年利率	年数	貯蓄合計
15	1000000		20	2000000
16				
17	(4)年数(期間)を求める			
18	元金	年利率	年数	貯蓄合計
19	1000000	0.05		2000000

操作方法

それぞれのセルに，以下の式を入力してクリックする。
(1) 貯蓄合計　D7:[=A7*(1+C7*B7)]
(2) 元金　A11:[=D11/(1+C11*B11)]
(3) 年利率　B15:[=(D15-A15)/(A15*C15)]
(4) 年数(期間) C19:[=(D19-A19)/(A19*B19)]

課題9.1　複利の場合

表9.3は，元金と年利率と貯蓄年数の関係を示したものである。空白になっているセルには，どのような式を入力したら良いだろうか？

表9.3

	A	B	C	D
1	■複利の場合			
2	(1)貯蓄合計を求める			
3	元金	年利率	年数	貯蓄合計
4	1000000	0.05	20	
5				
6	(2)元金を求める			
7	元金	年利率	年数	貯蓄合計
8		0.05	20	2653298
9				
10	(3)年利率を求める			
11	元金	年利率	年数	貯蓄合計
12	1000000		20	2653298
13				
14	(4)年数(期間)を求める			
15	元金	年利率	年数	貯蓄合計
16	1000000	0.05		2653298

操作方法

それぞれのセルに以下の式を入力してクリックする。
(1) 貯蓄合計　D4:[=A4*(1+B4)^C4]
(2) 元金　A8:[=D8/((1+B8)^C8)]
(3) 年利率　B12:[=(D12/A12)^(1/C12)-1]
(4) 年数(期間) C16:[=LOG(D16/A16)/LOG(1+B16)]

⚠ 注　対数のlogはLogと直接入力するか，Log関数を用いる。

9.3 キャッシュフロー　現在価値, 将来価値, 割引率, 収益率

　お金の流れを, キャッシュフロー(Cash Flow:CF)という。ある企業が投資を行い, お金が出て行くときはキャッシュアウトフロー(Cash Out Flow:COF)といい, その後, 収益を上げていく場合はキャッシュインフロー(Cash In Flow:CIF)という。このキャッシュフローには多く複利の計算方法が用いられる。キャッシュフローには, 時間的な価値が伴う。例えば同じ1,000円でも, 現在の1,000円の方が将来の1,000円よりも価値がある。なぜなら, 例えば, 金利3％の銀行に預ければ翌年には1030円となって戻ってくる。つまり, 現在の1000円は, 1年後の1030円と同じ価値がある。お金には, 時間的な価値があるのである。この場合, 現在の1000円を現在価値(Present Value, PV), 1年後の1030円を将来価値(Future Value, FV)と呼ぶ。

　　現在価値(P)：投資開始時点での価値
　　将来価値(F)：投資終了時点での価値

　　一般に, PとFの関係は多く複利計算が適用され
$$F = P(1+r)^n$$
で表される。このrは, 金利, 割引率, そして収益率とも呼ばれる。

演習 9.2

　以下の(1), (2), (3)の問いに答えなさい。
(1) 割引率が5％のとき, 1年後の1,000円の現在価値はいくらか。
(2) 銀行金利が7％のとき, 10,000円を銀行に預けると3年後にはいくらか。
(3) ある事業に1,000万円投資すると2年後に確実に1,300万円回収できる場合, この事業の収益率は何パーセントか。

[解答]
(1) $F = P(1+r)^n$の式で　$r = 0.05$, 1年後の将来価値が1000円であるから
　　$n = 1, S = 1000$を代入して
　　$1000 = P(1+0.05)$
　　$1,000 \div 1.05 \fallingdotseq 952.38$ 円
(2) $F = P(1+r)^n$の式で　$r = 0.07$, 現在価値 $P = 10,000$ 円, $n = 3$ を代入して
　　$10,000 \times 1.07^3 \fallingdotseq 12,250.43$ 円

(3) $F=P(1+r)^n$ の式で 現在価値 $P=1000$ 万円，$n=2$，将来価格 $F=1300$ 万円を代入して

$1,300=1,000\times(1+r)^2$

これを解くと $r=0.14017$ すなわち $r\fallingdotseq 14.02\%$

上記(1),(2),(3) の計算を Excel で行ってみよう。p. 208 課題 9.1（表 9.3）で求めた Excel の式に，以下のような値を入力する（図 9.2 参照）。

(1) 「(2)元金を求める」の式で，年利率 0.05，年数 1，貯蓄合計に 1000 を入力する。すると A9 セルに求める元金が表示される。

(2) 「(1)貯蓄合計を求める」の式で，元金 10000，年利率 0.07，年数 3 を入力する。すると，D5 セルに求める貯蓄合計が表示される。

(3) 「(3)年利率を求める」の式で，元金 10000000，年数 2，貯蓄合計 13000000 を入力する。すると，B13 セルに求める年利率が表示される。

	A	B	C	D
1	元金，年利率，年数シミュレーション			
2	■複利の場合			
3	(1)貯蓄合計を求める			
4	元金	年利率	年数	貯蓄合計
5	10000	0.07	3	12250
6				
7	(2)元金を求める			
8	元金	年利率	年数	貯蓄合計
9	952	0.05	1	1000
10				
11	(3)年利率を求める			
12	元金	年利率	年数	貯蓄合計
13	10000000	0.140175425	2	13000000
14				
15	(4)年数(期間)を求める			
16	元金	年利率	年数	貯蓄合計
17	1000000	0.05	20.00000228	2653298

図 9.2

演習 9.3

今年，ある事業に 1,000 万円投資すると 3 年後に確実に 1,200 万円の現金が回収できるとする。銀行の 3 年物の利子率が 5% の場合，この投資を実行すべきか。(1)収益率，(2)現在価値，(3)将来価値のそれぞれの観点から考えよ。

[解答]

(1) 収益率の観点から考える。

この投資の収益率を r とすると

$1,200=1,000\times(1+r)^3$

この式を解くと $r\fallingdotseq 0.0626$ $r\fallingdotseq 6.3\%$

これは銀行の利子率5%より高いので,この投資は実行すべきである。
(2) 現在価値の観点から考える。

利子率5%を割引率として用いると,3年後の1,200万円の現在価値は
$12000000 / 1.05^3 ≒ 10366051$
である。この値は投資額1,000万円より大きいので投資は行うべきである。

(3) 将来価値の観点から考える。

1,000万円を銀行に預けると $1,000 \times 1.05^3 ≒ 11,576,250$ 円となり,この値は事業への投資によって得られる1,200万円より小さい。つまり,この投資を実行した方が,銀行に預けるより得である。

上記(1),(2),(3)の計算をExcel上で行い確認しよう。p.208課題9.1(表9.3)で求めたExcelの式に,以下のように値を入力する(図9.3)。

(1)「(3)年利率を求める」の式で,元金1000万,年数3,貯蓄合計1200万を入力する。
(2)「(2)元金を求める」の式で,年利率0.05,年数3,貯蓄合計に1200万を入力する。
(3)「(1)貯蓄合計を求める」の式で,元金1000万,年利率0.05,年数3を入力する。

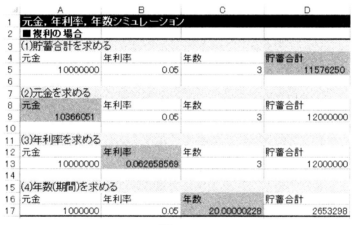

図9.3

課題9.2

以下の,(1),(2),(3)の問いに答えなさい。

(1) 100万円を,年利4%の半年複利で1年間預金した場合,1年後に受け取る金額は元利合計でいくらか?ただし,半年は2分の1年とし,日割り計算は行わないとする。
(2) 100万円を年利4%の3カ月複利で1年間預金した場合,1年後に受け取る金額は元利合計でいくらか? ただし,3か月は4分の1年とし,日割り計算は行わないとする。
(3) 地代が年間120万円,利子率が年利5%であるとき,この土地の割引現在価格を求めなさい(貸付期間を2年とする)。

9.4 単利法と複利法の Excel 上の表とグラフ

演習 9.4　単利法と複利法　−計算式で比較する−

元金 100 万円, 年利率を 0.05 とした時の利息と元利合計(預金額)を, 単利法と複利法の両方の計算方法で求め, 比較してみよう(表 9.4)。

表 9.4

	A	B	C	D	E	F	G	H	I	J	K
1											
2			単利計算の場合						複利計算の場合		
3		元金	利率	利息	預金額			元金	利率	利息	預金額
4	1年目	1,000,000	0.05				1年目	1000000	0.05		
5	2年目						2年目				
6	3年目						3年目				
7	4年目						4年目				
8	5年目						5年目				
9	6年目						6年目				
10	7年目						7年目				
11	8年目						8年目				
12	9年目						9年目				
13	10年目						10年目				
14	11年目						11年目				
15	12年目						12年目				
16	13年目						13年目				
17	14年目						14年目				
18	15年目						15年目				
19	16年目						16年目				
20	17年目						17年目				
21	18年目						18年目				
22	19年目						19年目				
23	20年目						20年目				

■単利法の場合

操作方法

① 単利法の場合, 元金は年数が経っても同じなので, B4 セルを選択し, B23 セルまでドラッグし, コピーする。
② 利率も年数が経っても同じなので, C4 セルも同様に C23 セルまでドラッグする。
③ D4 セルに半角英数で[=B4*C4]と入力。(セル番号は, 打ち込んでもクリックしても, どちらでも良い)
④ D4 セルも①と同じように, D23 セルまでドラッグする。
⑤ E4 セルに半角英数で, [=B4+D4]と入力。
⑥ E4 セルをドラッグするのではなく, E5 セルに半角英数で[=E4+D5]と入力し, E5 セルを①と同じように, E23 までドラッグする。

■複利法の場合

操作方法

① 複利法においても，利率は年数を経ても変化しないので，I4 セルを選択し，I23 セルまでドラッグしてコピーする．
② J4 セルに半角英数で[=H4*I4]と入力．
③ J4 セルも，①と同じように J23 セルまでドラッグする．
④ K4 セルに半角英数で[=H4+J4]と入力．
⑤ K4 セルをドラッグするのではなく，K5 セルに半角英数で[=K4+J5]と入力し，K5 セルを K23 セルまでドラッグする．
⑥ 複利の場合，元金は昨年の元利合計となるので，H5 セルをクリックし，半角英数で[=K4]と入力．
⑦ H5 セルを，H23 セルまでドラッグしてコピーする．

注　⑥が複利法のポイントである．即ち，元金はその前の年の元利合計となる．

演習 9.5　単利法と複利法　―計算式で比較する―

元金 100 万円，利率を 0.05 とした時の利息と元利合計（預金額）を，単利法と複利法の両方の計算方法で求め比較してみよう（表 9.5）．また，両方を比較したグラフを描いてみよう（図 9.4）．

表 9.5

	A	B	C
1	単利と複利	元金 1000000 円の場合	
2	元金	単利利率5%	複利利率5%
3		1000000	1000000
4	1年目		
5	2年目		
6	3年目		
7	4年目		
8	5年目		
9	6年目		
10	7年目		
11	8年目		
12	9年目		
13	10年目		
14	11年目		
15	12年目		
16	13年目		
17	14年目		
18	15年目		
19	16年目		
20	17年目		
21	18年目		
22	19年目		
23	20年目		

(1) 計算式で比較する

操作方法

① 単利法の場合，利率は元金に対してかかるが，この元金は期間を経ても変わらないということを頭において，B4セルに半角英数で[=B3+$B$3*0.05]と入力。
（[B3]と入力した後，[F4]キーを押すと[$B$3]と表示される）
② B4セルを選択し，B23セルまでドラッグしてコピーする。
③ 複利法の場合は，利率は前年度の元利合計に対してかかってくるから，C4セルに半角英数で[=C3+C3*0.05]と入力。（[=C3*1.05]でも良い）
④ C4セルもC23セルまでコピーする。

(2) グラフで比較する

(1)で計算した表を基に，グラフを描いて比較してみよう（図9.4）。

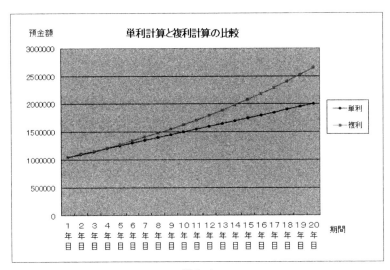

図9.4

操作方法

① A4セルからC23セルまでをドラッグし，範囲選択する。
② メニューバーの[挿入]→[グラフ]グループ→[折れ線]→[マーカー付き折れ線]をクリックする。
③ グラフが表示されたら，グラフを一度クリック。[グラフツール]→[デザイン]タブ→[グラフのレイアウト]内の「レイアウト1」をクリック。
④ [グラフタイトル]に「単利計算と複利計算の比較」，[軸ラベル]に「預金額」，[系列1]に「単利」，[系列2]に「複利」と入力する。

⑤ 横軸の上で右クリックし,表示されたメニューから,[軸の書式設定]をクリック。
⑥ 左項目の[配置]を選択し,文字列の方向を[横書き]に設定する(図9.5)。

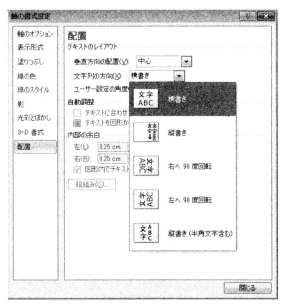

図9.5

⑦ ⑥と同様に,縦軸の上で右クリック。→[軸の書式設定]をクリック。左項目の[配置]を選択し,文字列の方向を[横書き]に設定する。

9.5 金利計算　ローンの返済

住宅の購入など，人生に一度はローンを組むことがあるものである。ここではローンの仕組みについて考えよう。

ローン返済には，大きく以下のような元金均等返済と元利均等返済の 2 種類の方法がある。

(1) 元金均等返済

元金均等返済とは元金を基に均等に分割し，返済する方法である。

例えば，3600 万円，年利 3.0%，30 年のローンだと 3600 万円を 30 年× 12ヶ月＝（360 回）で割る。すると，月々100,000 円。

そして初回の利息は 3600 万円× 3.0%／12＝90,000 円。

最初の返済金額は計 190,000 円となる。

その次（2か月目）の利息は，元金（3600万円－10万円）に対してかかるのであるから，（3600万円－10万円）× 3.0%／12＝89750 円となる。

つまり，2か月目は，10 万円＋ 89750 円＝189750 円を支払えば良い。

元金均等返済では，このように毎月の返済額はだんだん減少していくが，最初は高額になるという特徴がある。しかし，元金が減っていくのでトータルすると得である。

(2) 元利均等返済

これに対し，元利均等返済とは，毎月の返済金額（元金＋利息）を均等にする方式である。一般に，ローンを組む時には，この方法が利用されている。毎月の返済額の計算式は，「｛(借入金額×月利×(1＋月利)^{返済回数}｝÷｛(1＋月利)^{返済回数}－1｝」と表される。「月利」は年利÷12ヶ月で計算する。この場合は毎回均等な金額になるため，最初の支払いが高額になることがなく，金額も均一なので返済しやすいというメリットがあるが，トータルすると，元金均等返済に比べ高額になる。

例えば，(1)と同じ 3600 万円の年利 3.0%，30 年ローンの場合，上記計算式で，月々の返済額は 151,778 円になる。

課題9.3

元金 A 円を n 回に分けて，利率 r で返済するときの返済額を B とすると

$$B = \frac{A(1+r)^n r}{(1+r)^n - 1}$$

となる。このことを確かめよ。

演習9.6

年利3％で，1000万円を借りた場合の，毎年の返済額及び残高を元利均等返済で求めよ（表9.6）。

表9.6

	A	B	C	D	E	F	G
1							
2			3%				
3		借入金額	利子	返済額	借入金残高	利子部分	元本部分
4	1年目	1000	30	150			
5	2年目						
6	3年目						
7	4年目						
8	5年目						
9	6年目						
10	7年目						
11	8年目						
12	9年目						

操作方法

① 年利率3％であるから，利子は借入金額×利率（3％）である。C4セルには［=B4*$C2$］が入力されている。元利均等返済では，利子を求める計算式は年数を経ても変わらないので，C4セルを選択し，C11セルまでドラッグしてコピーする。
② 返済金額も変わらないので，D4セルも同じようにD11セルまでドラッグする。
③ 借入金残高は，借入金額＋利子から返済額を差し引いたものであるから，E4セルに半角英数で［=B4+C4-D4］と入力。
④ F列の利子部分は，C列の利子と同じであるので，F4セルに［=C4］と入力する。
⑤ 元本部分とは，「返済額－利子」として表されるもので，返済額が元本（借入金額）にどの位，食い込んでいるかを示すものである。G4セルに半角英数で［=D4-C4］と入力。
⑥ 借入金額は前年の借入金残高となるので，B5セルに半角英数で［=E4］と入力。（ここがポイント！）。
⑦ E4・F4・G4・B5セルを，E11・F11・G11・B11セルまでドラッグする。

演習9.6の場合，借入金額が8年目でマイナスになるので，8年目で完済していることがわかる。また，返済金額の合計は1200万円（67万円を過払い）となる。

> ⚠ 注　返済額の総額を確認したい場合は，D4セルからD11セルまでを選択し，［オートSUM］ボタンをクリックする。利子部分，元本部分を確認したい場合も同じ方法で確認できる。

演習 9.7

演習 9.6 で，(1) 最初の年 (1 年目) に 500 万円返済した場合と，(2) 最初の年に少し (10 万円) しか返済できなかった場合について，どちらの方が得なのか，その後の毎年の返済額と残高をシミュレーションして考えよう．

(1) 最初の年に 500 万円返済した場合

表 9.7

	A	B	C	D	E	F	G
1			3%				
2		借入金額	利子	返済額	借入金残高	利子部分	元本部分
3	1年目	1000	30	500			
4	2年目						
5	3年目						
6	4年目						
7	5年目						
8							

操作方法

演習 9.6 と同様に考え，以下のように操作する．
① 利子に関しては変わらないので，C3 セルを選択し，C7 セルまでドラッグする．
② 返済額に関しては，最初の年は 500 であり，次の年からは 150 であるので，D3 セルに「500」，D4 セルに「150」と入力し，D7 セルまでドラッグする．
③ E3 セルに半角英数で [=B3+C3-D3] と入力．
④ F3 セルに，半角英数で [=C3] と入力．
⑤ G3 セルに半角英数で [=D3-F3] と入力．
⑥ B4 セルに半角英数で [=E3] と入力．
⑦ E3・F3・G3・B4 セルを E7・F7・G7・B7 セルまでコピーする．

この場合，借入金額が 5 年目でマイナスになるので，5 年目で完済していることがわかる．また，返済金額の合計は 1100 万円 (31 万円過払い) となる．

(2) 最初の年に少し (10 万円) しか返済できなかった場合

表 9.8

	A	B	C	D	E	F	G
1			3%				
2		借入金額	利子	返済額	借入金残高	利子部分	元本部分
3	1年目	1000	30	10			
4	2年目						
5	3年目						
6	4年目						
7	5年目						
8	6年目						
9	7年目						
10	8年目						
11	9年目						
12							

操作方法

演習 9.6 と同様に考え，以下のように操作する。
① 利子に関しては，期間を経ても変わらないので，C3 セルを選択し，C11 セルまでドラッグする。
② 返済額に関しては，最初の年に 10 であり，次の年からは 150 なので，D3 セルに「10」，D4 セルに「150」と入力し，D7 までドラッグする。
③ E3 セルに半角英数で[=B3+C3-D3]と入力。
④ F3 セルに，半角英数で[=C3]と入力。
⑤ G3 セルに半角英数で[=D3-F3]と入力。
⑥ B4 セルに半角英数で[=E3]と入力。
⑦ E3・F3・G3・B4 セルを E11・F11・G11・B11 セルまでドラッグする。

この場合，借入金額が 9 年目でマイナスになるので，9 年目で完済していることがわかる。また，返済金額の合計は 1210 万円（42 万円過払い）となる。

上記(1)，(2)のシミュレーションから，ローンは最初にできるだけ返済した方が，元本に食い込む部分が多くなるので，返済額合計が少なくて済むことがわかる。

課題 9.4

表 9.9 で，年利 1% で 1000 万円を借りた場合の，毎年の返済額及び残高を元利均等返済法で求めよ。何年目で完済するか？ また，(1)，(2)についても考えよ。
(1) 最初の年に 500 万円返済した場合
(2) 最初の年に少し（10 万円）しか返済できなかった場合

表 9.9

	A	B	C	D	E
1	設備投資資金返済 年利1%の場合				
2		期首残高	利子	返済年額	月額
3	1年目	10000000			
4	2年目				
5	3年目				
6	4年目				
7	5年目				
8	6年目				
9	7年目				
10	8年目				
11	9年目				
12	10年目				
13	11年目				
14	12年目				
15	13年目				
16	14年目				
17	15年目				
18	16年目				
19	17年目				
20	18年目				
21	19年目				
22	20年目				
23					

9.6 What-If 分析(ゴールシーク)の利用

演習 9.8　住宅ローンのシミュレーション

　住宅ローンで 1000 万円を，年利 1％で借入れるとき，返済年額と毎月の返済月額を，What-If 分析を用いて求めよ（表 9.10）。ここで，毎年の返済年額は同額でありD3セルで表す。返済月額は，返済年額を 12 で割ったものである。

表 9.10

	A	B	C	D	E
1	設備投資資金返済 年利1％の場合				
2		期首残高	利子	返済年額	月額
3	1年目	10000000			
4	2年目				
5	3年目				
6	4年目				
7	5年目				
8	6年目				
9	7年目				
10	8年目				
11	9年目				
12	10年目				
13	11年目				
14	12年目				
15	13年目				
16	14年目				
17	15年目				
18	16年目				
19	17年目				
20	18年目				
21	19年目				
22	20年目				
23					

操作方法

① 利子は期首残高(借入金額)×年利(1％)であるので，C3セルに半角英数で[=B3*0.01]と入力する。
② C3セルを選択し，C22セルまでドラッグする。
③ 返済年額は毎年同額であるので$D$3セルで表す。従って，B4セルに半角英数で[=B3+C3-$D$3]と入力し，②と同様B23セルまでドラッグする。
④ B23セルを選択し，メニューバーの[データ]→データツール内の[What-If 分析]→[ゴールシーク]をクリックする(図 9.6)。

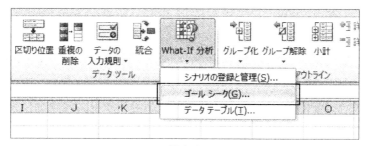

図 9.6

⑤ 数式入力の欄に「B23」,目標値の欄に「0」,変化させるセルの欄に「$D$3」と入力したら,[OK]ボタンをクリック(図9.7)。

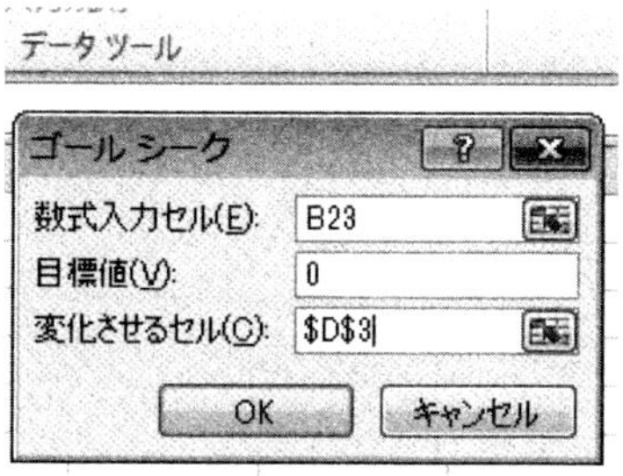

図 9.7

⑥ 返済年金額が求められたら,それを12で割ると返済月額が求められる。E3セルに半角英数で[=D3/12]と入力。

課題 9.5

工場の設備投資金1000万円を,年利3%で借入れるとき,返済年額と毎月の返済月額を,What-If 分析を用いて求めよ。

表 9.11

	A	B	C	D	E
1	設備投資資金返済 年利3%の場合				
2		期首残高	利子	返済年額	月額
3	1年目	10000000			
4	2年目				
5	3年目				
6	4年目				
7	5年目				
8	6年目				
9	7年目				
10	8年目				
11	9年目				
12	10年目				
13	11年目				
14	12年目				
15	13年目				
16	14年目				
17	15年目				
18	16年目				
19	17年目				
20	18年目				
21	19年目				
22	20年目				
23					

注 ローンの計算には，上記関数の他，財務関数の PMT, PPMT, IPMT, CUMPRINC, CUMIPMT 関数等を利用する．

演習 9.9　定期預金シミュレーション（単利の場合）

演習 9.1 の単利の場合(p.207)で求めたように，D7 セルには数式[=A7*(1+B7*C7)]が入力されている（図 9.8）．このとき，What-If 分析のゴールシーク機能を利用し，下の(1), (2), (3) に答えよ．

(1) 貯蓄合計を 300000 円にするには，元金をいくらにしたらよいか？
(2) さらに，貯蓄合計を 500000 円にするには，年数をいくらにしたらよいか？
(3) さらに，貯蓄合計を 1000000 円にするには，年利率をいくらにしたらよいか？

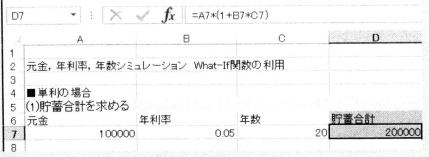

図 9.8

演習9.9(1)の操作方法

① 任意のセルをクリック。→[データ]タブ→[データツール]グループ→[What-If分析]→[ゴールシーク]をクリック。すると，図9.9のような[ゴールシーク]ウィンドウが表示される。

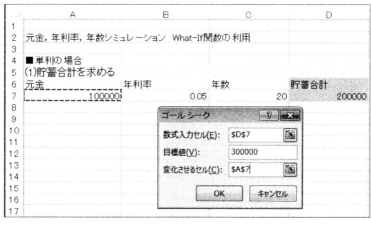

図9.9

② 表示された[ゴールシーク]ウィンドウで，
  数式入力セル(E) ：$D$7
  目標値(V) ：300000
  変化させるセル(C) ：$A$7
を入力し，[OK]ボタンをクリック。

③ すると，図9.10のような[ゴールシーク]ウィンドウが表示され，A7セルが150000円になっているので，求める元金は150000円であることがわかる。→[OK]ボタンをクリック。

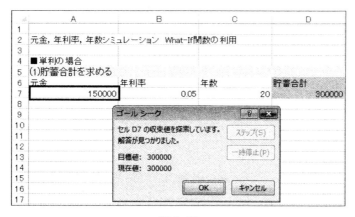

図9.10

演習 9.9 (2) の操作方法

① 上記 [(1) の操作方法] と同様に操作し，[(1) の操作方法] ②で

　　　数式入力セル (E)　　　：$D$7
　　　目標値 (V)　　　　　　：500000
　　　変化させるセル (C)　　：$C$7

を入力 (図 9.11) し，[OK] ボタンをクリック。

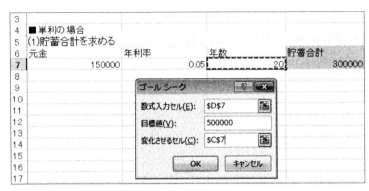

図 9.11

② すると，[ゴールシーク] ウィンドウが表示され (図 9.12)，C7 セルがおよそ 47 年になっているので，求める貯蓄期間が 47 年であることがわかる。→ [OK] ボタンをクリック。

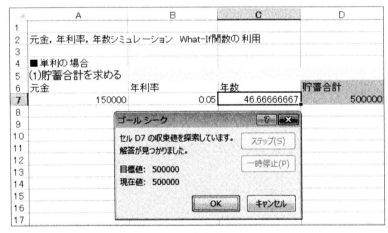

図 9.12

演習 9.9 (3) の操作方法

① 上記[(1)の操作方法]と同様に操作し, [(1)の操作方法]②で

  数式入力セル(E)　　：$D$7
  目標値(V)　　　　：1000000
  変化させるセル(C)：$B$7

を入力し, [OK]ボタンをクリック。

② すると, [ゴールシーク]ウィンドウが表示され(図9.13), B7セルがおよそ0.12になっているので, 求める年利率が0.12であることがわかる。→[OK]ボタンをクリック。

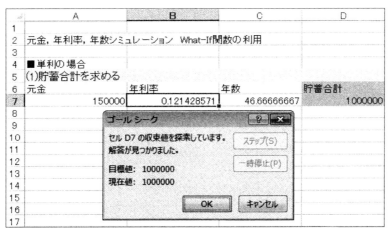

図 9.13

課題 9.6　定期預金シミュレーション(複利の場合)

複利の場合(図9.14)において, 課題9.1(p.208)で求めたようにD5セルには, 数式[=A5*(1+B5)^C5]が入力されている。このとき,

(1) 貯蓄合計を300万円にするには, 元金をいくらにしたらよいか？
(2) さらに, 貯蓄合計を500万円にするには, 年数をいくらにしたらよいか？
(3) さらに, 貯蓄合計を1000万円にするには, 年利率をいくらにしたらよいか？

What-If分析を利用し, 目的に沿った元金の額や年利率を求めてみよう。

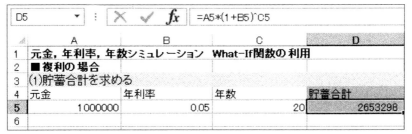

図 9.14

■損益分岐点を What-If 分析(ゴールシーク)で求めよう

損益分岐点(Break Even Point)とは管理会計上の概念の一つで,売上高と費用(その商品を生産するためにかかるコスト)の額が丁度等しくなるときの,売上高または販売数量を指すものである。費用は固定費と変動費とに分けることができる。固定費は,例えば人件費や設備費用,減価償却費,リース料,不動産賃借料等であり,売り上げに関係なくかかる費用である。変動費は,例えば原材料費,仕入原価,外注費などであり,多くの場合,商品の生産量に比例する。仮に売上がゼロでも固定費はかかる訳であり,売上で固定費をカバーして初めて利益がでる。

ここでは,損益分岐点を What-If 分析(ゴールシーク)で求めてみよう。

演習 9.10

図 9.15 は,ある商品を生産し,販売する時の商品原価内訳と売り上げ試算を示したものである。この表から,損益分岐点の販売数を求めなさい。

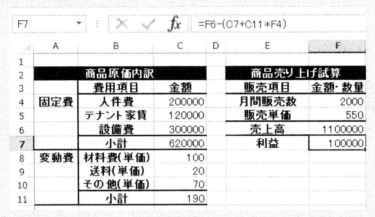

図 9.15

操作方法

図 9.15 の表から,
- 売上高 = 月間販売数 × 販売単価であること,
- 商品を生産するための費用(コスト) = 固定費小計 + 変動費小計 × 月間販売数

であることがわかる。

従って,利益は,[=F6-(C7+C11*F4)]で表される。損益分岐点は,この利益が(固定費 + 変動費)とトントンになった時,すなわち,ゼロになるところである。

① 任意のセルをクリック。→[データ]タブ→[データツール]グループ→[What-If 分析]→[ゴールシーク]をクリック。すると,図 9.16 のような[ゴールシーク]ウィンドウが表示される。

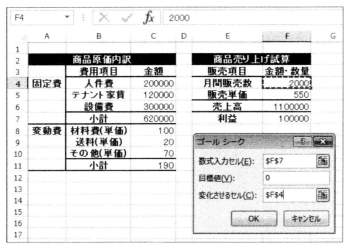

図 9.16

② この[ゴールシーク]ウィンドウで,
  数式入力セル(E) :$F$7
  目標値(V)   :0
  変化させるセル(C) :$F$4
を入力し,[OK]ボタンをクリック。

③ すると，図 9.17 のような [ゴールシーク] ウィンドウが表示され，F4 セルがおよそ 1723 となっていることがわかる。→[OK]ボタンをクリック。

すなわち，1723 個以上を販売すれば，純利益が出ることがわかる。

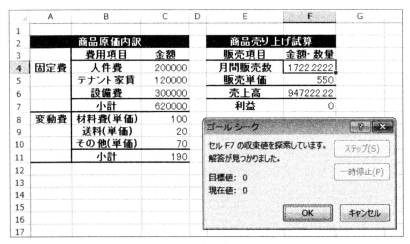

図 9.17

課題 9.7

上記表(図 9.17)で，損益分岐点の販売単価を求めなさい。

9.7 PPM分析とバブルチャート

PPM(Product Portfolio Management)分析

PPM(プロダクト・ポートフォリオ・マネジメント)分析とは,企業が経営資源の配分を最も効率的・効果的に行うために,事業や製品の製造・販売状況が,どのような段階にあるかを分析し,2×2のマトリックスで表して戦略を立てる経営分析方法である。具体的には,横軸に相対的市場シェア(市場占有率),縦軸に市場成長率を取り,その製品の収益をグラフにプロットして,図9.18のような,花形,金のなる木,問題児,負け犬の4つに分類する。この4つのカテゴリーに,経営資源をどのように配分するかで,効果的・効率的な戦略を立てるものである。

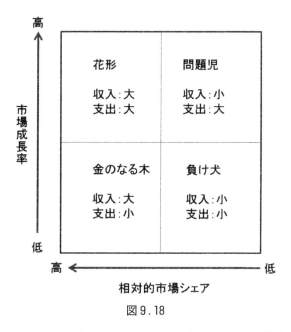

図9.18

この図の注意点は,横軸(相対的市場シェア)の目盛が,通常の目盛の向きとは逆に,右に行くほど低くなっていることである。また,この横軸は,視覚的にバランスよく見せるために対数軸を取ることが多い。

花形,金のなる木,問題児,負け犬の4つの性質を示すと,以下のようになる(図9.19)。

PPM分析の4つのマトリックス			
・花形(star)	成長期待	→	維持期(続投)
・問題児(problem child)	競争激化(有望)	→	育成期(投資)
・金のなる木(cash cow)	成熟分野・安定利益	→	収穫期
・負け犬(dogs)	停滞・衰退	→	撤退期

図9.19

この PPM 分析を行う前に，PPM 分析で用いるバブルチャートと対数目盛について学んでおこう。

バブルチャート

バブルチャートとは，3つの属性値の相関関係を，縦軸と横軸，バブルの大きさで表す手法である。バブルチャート自体は，Excel のグラフ機能で簡単に描くことができる。例えば，グラフ（図 9.20）は，表 9.12 を基にバブルチャートを描いたものである。縦軸に販売数を，横軸に市場シェアを取り，バブルの大きさで商品の売上高を表している。図 9.20 からは，売上高の大きい商品が市場シェア，販売数ともに大きいことが読み取れる。

表 9.12

A社の主力商品の開発			
	市場占有率	販売数	売上高
A	15%	40	20
B	20%	90	30
C	35%	50	60
D	60%	100	100

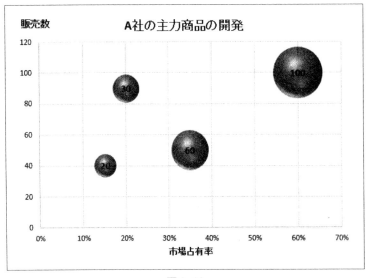

図 9.20

対数目盛

次に、対数目盛について説明しよう。$y=x^4$ をグラフで表すと、図9.21のようになる。

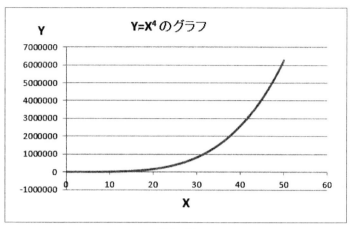

図9.21

図9.21を見ると、x軸もy軸も0(ゼロ)のあたりに固まっていて、見え辛い。今、y軸を対数目盛を取ったグラフを描いてみよう。図9.22はy軸を対数目盛(底は10)にとったグラフである。図9.21とは対照的に、0付近での変化は大きく、xの値が大きくなるに従いyの値の変化は小さく捉えられる。

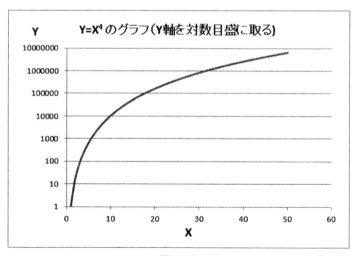

図9.22

このように、だいたいのデータはある部分にまとまっているが、外れ値のように、離れたところにデータがあるような場合、対数目盛を用いると、視覚的にバランスよく表現される場合がある。一般に、社会現象や生物現象などでは、データが指数関数的に増えたり、プロッ

トされる場合が多く見られる。対数目盛を用いたグラフは，そのような場合に有効である。

さらに，指数関数 $y=a^{(bx+c)}$（a は正の定数，b, c は定数）の両辺の常用対数を取ると $\log y = bx\log a + c\log a$ となる。そこで横軸を通常の目盛りに，縦軸を対数目盛にすると，グラフが直線（傾き $b\log a$，y 切片 $c\log a$ の一次関数）になる。

x 軸と y 軸の両方を対数目盛に取ることを両側対数と言い，図 9.22 のグラフのように，y 軸（または x 軸）のみ対数目盛を取ることを片側対数という。

演習 9.11

項目 A～E があり，それぞれの X, Y, 売上高の値が表 9.13 のように定められているとき，以下の (1), (2) を作成しなさい。
(1) 表 9.13 のバブルチャートを描きなさい。
(2) x 軸を対数目盛に取ったバブルチャートを描きなさい。

表 9.13

項目	X	Y	売上高
A	1	2	120
B	5	7	300
C	7	5	200
D	14	8	600
E	100	15	800

▶▶▶ [操作方法] (1) のヒント
① B1 セル～D6 セルを範囲選択し，[挿入]→[グラフ]→[その他のグラフ]→[バブルチャート]→[3D 効果付バブル]をクリック。
② バブルをクリックし，さらに右クリック。[データラベルの追加]で，[バブルサイズ]を表示する。
③ バブル上で右クリックして，[データラベルの書式設定]ダイアログボックスを表示させる（図 9.23）。ラベルの内容で[バブルサイズ]，ラベルの位置で[中央]を選び，[閉じる]ボタンをクリックする（図 9.24）。

9.7 PPM分析とバブルチャート

図 9.23

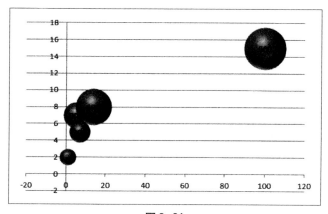

図 9.24

▶▶▶ [操作方法] (2) のヒント　x 軸を対数目盛にとる。

① x 軸上で右クリックし，[軸の書式設定]ダイアログボックスを表示する(図9.25)。
[対数目盛を表示する]（基数10）に，チェックマークを入れる。

最小値：　　[固定(F)]で　0.1　とし，

最大値：　　[固定(I)]で　1000　とし，

縦軸との交点：　　[軸の値(E)]で　0.1　とする。

図 9.25

すると以下のような，バブルチャートが描ける（図 9.26）。

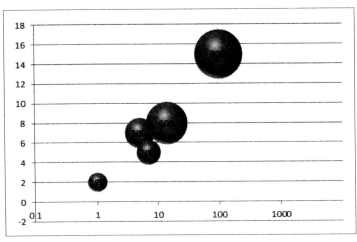

図 9.26

演習 9.12

表 9.14 は，ある会社の 6 つの商品について，相対市場シェア，市場成長率，売上高を示したものである。この表から PPM グラフ（バブルチャート）を作成してみよう（図 9.27）。

表9.14

	A	B	C	D
1	商品名	相対市場シェア	市場成長率	売上高(万円)
2	A	4.6	14%	21568
3	B	1.8	-25%	15221
4	C	0.8	11%	12231
5	D	0.5	25%	8304
6	E	0.3	9%	5547
7	F	0.4	-16%	3582

図 9.27 は完成図である。

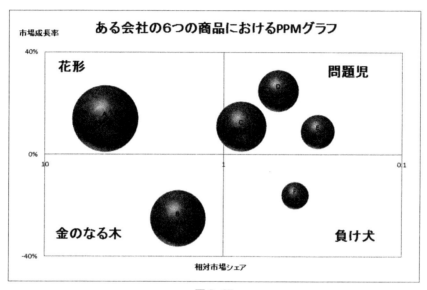

図 9.27

PPM グラフの特徴は，以下の3つである．
① 横軸が反転していること．
② 横軸が対数目盛にとられていること．
③ レイアウトが 2×2 の4つの区分に分けられるように，横軸と縦軸が描かれていること．
ここでは，さらにオプションとして，
④ バブルの中に，ラベルを書き込むこと．
⑤ バブルの大きさを調整する（大きく拡大して見易くする）こと．
などの操作を行う．

操作方法

① B2 セル〜D7 セルを範囲指定して，[挿入]→[グラフ]→[その他のグラフ]→[3D 効果付バブル]をクリックする．すると，図 9.28 のようなバブルチャートが表示さ

れる。

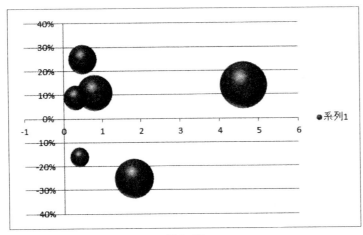

図 9.28

② 系列 1 を消す。

③ ［グラフツール］→［レイアウト］→［目盛線］→［主縦軸目盛線］→［目盛線］をクリック（図 9.29）。

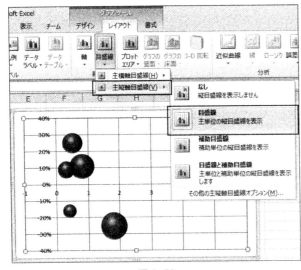

図 9.29

すると，縦軸が表示される。

④ 横軸の数字をクリックし，［グラフツール］→［レイアウト］→リボンの［現在の選択範囲］グループ→［選択対象の書式設定］をクリック。表示された［軸の書式設定］ダイアログボックスで，

［軸を反転する］：にチェックマークを入れる。さらに，

［縦軸との交点］：で　［軸の最大値］を選ぶ（図 9.30）。

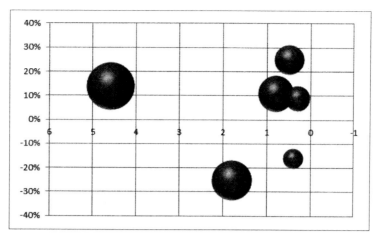

図 9.30

⑤ ④と同様に，表示された[軸の書式設定]ダイアログボックスで，
[対数目盛を表示する]：にチェックマークを入れる。さらに，
[最小値]： で ［固定(F)］0.1 を入力し
[最大値]： で ［固定(I)］10.0 を入力する(図 9.31)。

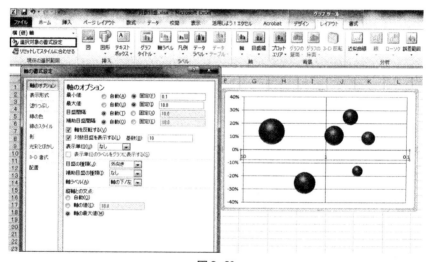

図 9.31

すると，図 9.32 のような対数目盛の横軸で描かれたグラフが表示される。

図9.32

⑥ 縦軸の数字をクリックし，[グラフツール]→[レイアウト]→リボンの[現在の選択範囲]グループ→[選択対象の書式設定]をクリック．表示された[軸の書式設定]ダイアログボックス(図9.33)で，

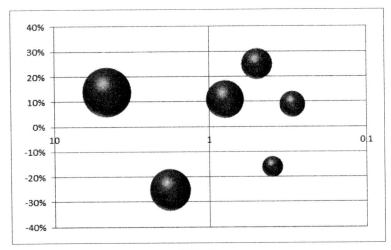

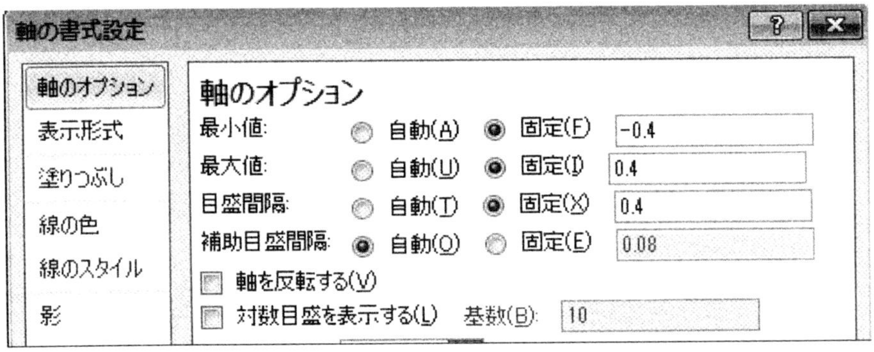

図9.33

[最小値]：で [固定(F)] − 0.4
[最大値]：で [固定(I)] 0.4
[目盛間隔]：で [固定(X)] 0.4 を入力する．
すると，図9.34のように 2 × 2 の 4 等分されたグラフが表示される．

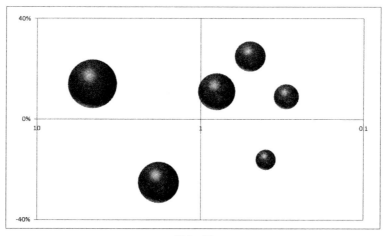

図 9.34

⑦ グラフタイトル，主横軸ラベル，主縦軸ラベルを挿入する（図 9.35）。

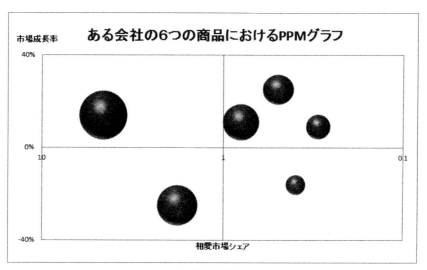

図 9.35

⑧ 次に，各バブルに商品名と売上高を書き込もう。バブルをクリックすると，バブルすべてが選択される。その状態で，[グラフツール]→[レイアウト]タブ→[データラベル]をクリック。表示されるプルダウンメニューから[中央]を選ぶ（図 9.36）。すると，市場成長率が，バブルの中央に表示される（図 9.36）。

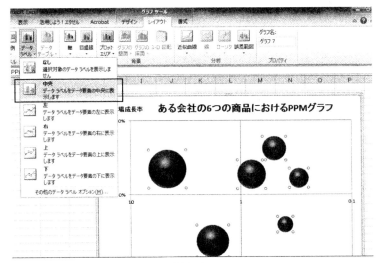

図9.36

バブルに表示するのは，市場成長率ではなくて，商品名や売上高の方が適切である。そこで，⑨のように操作して，ラベル名を変更する。

⑨ バブルの1つをクリックすると，すべてのラベルが選択される。さらに，もう一度クリックすると，そのバブルのみが選択される。その状態で，[グラフツール]→[レイアウト]→リボンの[現在の選択範囲]グループ→[選択対象の書式設定]をクリック。表示された[データラベルの書式設定]ダイアログボックス(図9.37)で，

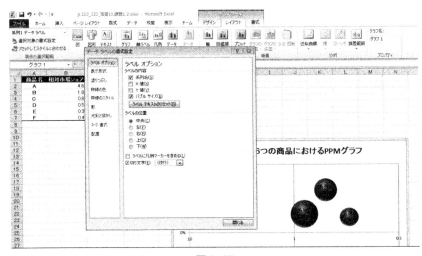

図9.37

　　ラベルの内容：[系列名]と[バブルサイズ]
　　ラベルの位置：[中央]
　　区切り文字　：[改行]を選択する。

さらに，ラベルをクリックし，［系列1］をA（及びBなどの商品名）と書き換える。この操作を，他のすべてのバブルにおいても行う。すると，図9.38のPPMグラフが完成する。

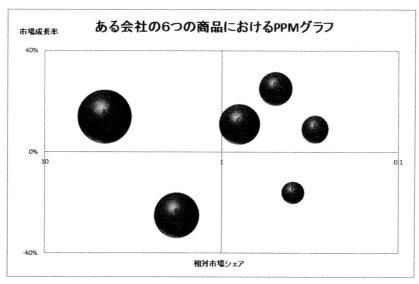

図9.38

さらに，もうひと手間かけよう。バブルをより印象付けるために，次の操作を行う。
⑩ バブルの1つをクリックすると，すべてのラベルが選択される。その状態で，［グラフツール］→［レイアウト］→リボンの［現在の選択範囲］グループ→［選択対象の書式設定］をクリック。表示された［データ系列の書式設定］ダイアログボックス（図9.39）で，

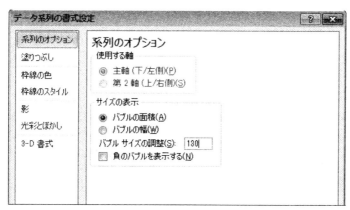

図9.39

［バブルサイズの調整］：で　［130］を入力する。
すると，バブルの面積が130％に拡大される。

⑪ ［グラフツール］→［レイアウト］→［挿入］グループ→［テキストボックス］をクリックし，グラフに［花形］，［金のなる木］，［問題児］，［負け犬］と入力する。

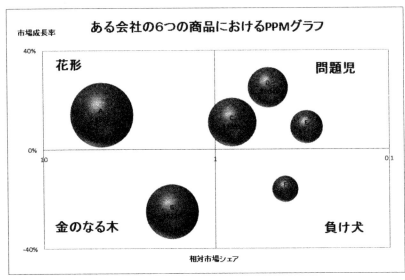

図9.40

課題9.8

表9.15は，ある会社の5つの商品について，市場シェア，市場成長率，利益を示したものである。この表からPPMグラフ(バブルチャート)を作成しなさい。

表9.15

商品名	市場シェア	市場成長率	利益(万円)
A	0.08	165%	67890
B	0.13	115%	56236
C	0.28	75%	130589
D	0.32	168%	28390
E	0.09	89%	13123

課題9.9

表9.16は，ある会社の6つの商品について，市場シェア，市場成長率，利益を示したものである。この表からPPMグラフ(バブルチャート)を作成しなさい。

表9.16

商品名	市場シェア	市場成長率	利益(万円)
A	0.12	130%	67890
B	0.05	115%	46233
C	0.28	75%	130589
D	0.32	178%	26530
E	0.09	85%	13123
F	0.45	45%	45634

参考文献

1) G.W. ボーンシュテット・D. ノーキ 著／海野道郎・中村隆 監訳,「社会統計学——社会調査のためのデータ分析入門」,ハーベスト社(1992)
2) T.H. ウォナコット・R.J. ウォナコット 著／国府田恒夫他 訳,「統計学序説」,培風館(1978)
3) 柳井晴夫・岩坪秀一 著,「複雑さに挑む科学——多変量解析入門」,講談社(1976)
4) 豊田秀樹・前田忠彦・柳井晴夫 著,「原因をさぐる統計学——共分散構造分析入門」,講談社(1992)
5) 二宮智子・恵良和代 著,「文系の学生のための Excel による統計解析」,弘学出版(2000)
6) 稲葉三男・稲葉敏夫・稲葉和夫 著,「経済・経営・統計入門 第3版」,共立出版(2010)

索　引

英字
ABC 分析, 115, 116
F 検定, 59, 68, 72
F 分布, 56
GDP デフレータ, 161
GSS データ, 6
PPM 分析, 229
t 検定, 61, 68, 73
t 分布, 55, 59
What-if, 220
Z チャート, 186, 187

い
移動平均, 167, 175, 186

お
オート SUM, 103
オートフィル, 102

か
回帰係数, 68, 70
回帰式, 81
回帰直線, 70
回帰分析, 68
カイ二乗検定, 38, 40
カイ二乗値, 38, 39
カイ二乗分布, 39, 56
外部データ, 92
価格指数, 153
拡張子, 92
確率分布, 49
カテゴリ, 3
カテゴリカルデータ, 2
間隔尺度, 6
元金, 205, 207
元金均等返済, 216
元利均等返済, 216

き
帰無仮説, 38, 59
キャッシュフロー, 209
共線性, 88
共分散, 64
寄与度, 189, 191
寄与率, 71, 72, 189, 190, 191

く
区切り線, 100
区切り文字, 94
クロス集計表, 33
クロスセクショナルデータ, 4

け
ケース, 4
決定係数, 68, 71, 72, 82
現在価値, 209

こ
構成比, 191
固定長, 94

さ
最小二乗法, 68, 70
最頻値, 24
散布図, 62, 66

し
シートの移動, 105, 107
シートの削除, 105, 107
シート名の変更, 107
シートを超えた計算, 107
時系列データ, 89
市場成長率, 229
指数, 140, 143, 204
実質 GDP, 161
質的データ, 2, 4, 7, 12
ジニ係数, 134, 138
四分位範囲, 26

尺度, 6
収益率, 209
重回帰分析, 80
修正寄与率, 189, 190
順序尺度, 6
順序データ, 4
消費者物価指数, 149
将来価値, 209
所得税, 130
所得の格差, 134

す
数量データ, 2, 5, 17

せ
正規分布, 48, 49
成長率, 143, 146, 147
絶対参照, 110, 112, 113

そ
相加平均, 165, 167
相関係数, 64, 65, 66
増減率, 189, 191
相乗平均, 165
相対参照, 110, 112
相対的市場シェア, 229
損益分岐点, 226

た
体格指数(BMI), 126, 127
対数, 204
対数目盛, 231
代表値, 22
ダミー変数, 88
単回帰分析, 68
単利法, 205, 206, 212

ち
中央値, 23
中心極限定理, 50

て
データの検索, 92
デフォルト, 92
デフレータ, 149, 161

と
統計的検定, 48
度数分布表, 19
ドットプロット, 18

に
2:8の法則, 115

ね
年利率, 205, 207

の
伸び率, 143, 145

は
パーシェ式, 151, 155, 160
%ポイント, 195
箱ひげ図, 27
外れ値, 66, 88

バブルチャート, 230
パレート図, 116
範囲, 25

ひ
ヒストグラム, 19, 20
標準化回帰係数, 82
標準正規分布, 50
標準体重, 126, 127
標準偏差, 26
標本, 37
比率尺度, 6

ふ
複合参照, 110, 112, 113
複利法, 205, 206, 213
物価指数, 150
分散, 26
分析ツール, 169, 170

へ
平均経済成長率, 172
平均値, 22
平均値の差の検定, 58

偏差値, 50
変数, 4

ほ
母集団, 37
母平均, 57

め
名義尺度, 6

ゆ
有意水準, 39
有意性検定, 82

ら
ラスパイレス式, 151, 154, 159

ろ
ローレンツ曲線, 134, 137
ローンの返済, 216

わ
割引率, 209

Memorandum

<著者紹介>

森 園子（もり そのこ）
略　　歴　立教大学大学院理学研究科数学専攻博士後期課程満期退学．修士（理学）
現　　在　拓殖大学政経学部教授
専門分野　情報科学，情報および数学教育

二宮智子（にのみやともこ）
略　　歴　津田塾大学学芸学部数学科卒業．博士（理学）
　　　　　元 玉川大学教授
現　　在　元 大阪商業大学客員教授，国本学園理事
　　　　　明治大学・明治ガバナンス研究科非常勤講師
　　　　　拓殖大学非常勤講師
専門分野　多値論理，数学および統計教育

文科系学生のための
データ分析とICT活用
Data Analysis based ICT for All Students
of the Faculty of Economics or Business

2015 年 2 月 25 日　初版 1 刷発行
2025 年 3 月 10 日　初版 4 刷発行

著　者　森 園子・二宮智子　Ⓒ 2015
発行者　南條光章
発　行　**共立出版株式会社**
　　　　東京都文京区小日向4-6-19（〒112-0006）
　　　　電話　03-3947-2511（代表）
　　　　振替口座　00110-2-57035
　　　　www.kyoritsu-pub.co.jp

印　刷
製　本　**真興社**

検印廃止
NDC007.6, 350.1
ISBN 978-4-320-12382-3

一般社団法人
自然科学書協会
会　員

Printed in Japan

|JCOPY|<出版者著作権管理機構委託出版物>
本書の無断複製は著作権法上での例外を除き禁じられています．複製される場合は，そのつど事前に，出版者著作権管理機構（TEL：03-5244-5088，FAX：03-5244-5089，e-mail：info@jcopy.or.jp）の許諾を得てください．

編集委員：白鳥則郎（編集委員長）・水野忠則・高橋　修・岡田謙一

未来へつなぐデジタルシリーズ

❶ インターネットビジネス概論 第2版
　片岡信弘・工藤　司他著‥‥‥‥208頁・定価2970円

❷ 情報セキュリティの基礎
　佐々木良一監修／手塚　悟編著‥244頁・定価3080円

❸ 情報ネットワーク
　白鳥則郎監修／宇田隆哉他著‥‥208頁・定価2860円

❹ 品質・信頼性技術
　松本平八・松本雅俊他著‥‥‥‥216頁・定価3080円

❺ オートマトン・言語理論入門
　大川　知・広瀬貞樹他著‥‥‥‥176頁・定価2640円

❻ プロジェクトマネジメント
　江崎和博・髙根宏士他著‥‥‥‥256頁・定価3080円

❼ 半導体LSI技術
　牧野博之・益子洋治他著‥‥‥‥302頁・定価3080円

❽ ソフトコンピューティングの基礎と応用
　馬場則夫・田中雅博他著‥‥‥‥192頁・定価2860円

❾ デジタル技術とマイクロプロセッサ
　小島正典・深瀬政秋他著‥‥‥‥230頁・定価3080円

❿ アルゴリズムとデータ構造
　西尾章治郎監修／原　隆浩他著 160頁・定価2640円

⓫ データマイニングと集合知 基礎からWeb, ソーシャルメディアまで
　石川　博・新美礼彦他著‥‥‥‥254頁・定価3080円

⓬ メディアとICTの知的財産権 第2版
　菅野政孝・大谷卓史他著‥‥‥‥276頁・定価3190円

⓭ ソフトウェア工学の基礎
　神長裕明・郷　健太郎他著‥‥‥202頁・定価2860円

⓮ グラフ理論の基礎と応用
　舩曵信生・渡邉敏正他著‥‥‥‥168頁・定価2640円

⓯ Java言語によるオブジェクト指向プログラミング
　吉田幸二・増田英孝他著‥‥‥‥232頁・定価3080円

⓰ ネットワークソフトウェア
　角田良明編著／水野　修他著‥‥192頁・定価2860円

⓱ コンピュータ概論
　白鳥則郎監修／山崎克之他著‥‥276頁・定価2640円

⓲ シミュレーション
　白鳥則郎監修／佐藤文明他著‥‥260頁・定価3080円

⓳ Webシステムの開発技術と活用方法
　速水治夫編著／服部　哲他著‥‥238頁・定価3080円

⓴ 組込みシステム
　水野忠則監修／中條直也他著‥‥252頁・定価3080円

㉑ 情報システムの開発法：基礎と実践
　村田嘉利編著／大場みち子他著‥200頁・定価3080円

㉒ ソフトウェアシステム工学入門
　五月女健治・工藤　司他著‥‥‥180頁・定価2860円

㉓ アイデア発想法と協同作業支援
　宗森　純・由井薗隆也他著‥‥‥216頁・定価3080円

㉔ コンパイラ
　佐渡一広・寺島美昭他著‥‥‥‥174頁・定価2860円

㉕ オペレーティングシステム
　菱田隆彰・寺西裕一他著‥‥‥‥208頁・定価2860円

㉖ データベース ビッグデータ時代の基礎
　白鳥則郎監修／三石　大他編著‥280頁・定価3080円

㉗ コンピュータネットワーク概論
　水野忠則監修／奥田隆史他著‥‥288頁・定価3080円

㉘ 画像処理
　白鳥則郎監修／大町真一郎他著‥224頁・定価3080円

㉙ 待ち行列理論の基礎と応用
　川島幸之助監修／塩田茂雄他著‥272頁・定価3300円

㉚ C言語
　白鳥則郎監修/今野将編集幹事・著 192頁・定価2860円

㉛ 分散システム 第2版
　水野忠則監修／石田賢治他著‥‥268頁・定価3190円

㉜ Web制作の技術 企画から実装，運営まで
　松本早野香編著／服部　哲他著‥208頁・定価2860円

㉝ モバイルネットワーク
　水野忠則・内藤克浩監修‥‥‥‥276頁・定価3300円

㉞ データベース応用 データモデリングから実装まで
　片岡信弘・宇田川佳久他著‥‥‥284頁・定価3520円

㉟ アドバンストリテラシー ドキュメント作成の考え方から実践まで
　奥田隆史・山崎敦子他著‥‥‥‥248頁・定価2860円

㊱ ネットワークセキュリティ
　高橋　修監修／関　良明他著‥‥272頁・定価3080円

㊲ コンピュータビジョン 広がる要素技術と応用
　米谷　竜・斎藤英雄編著‥‥‥‥264頁・定価3080円

㊳ 情報マネジメント
　神沼靖子・大場みち子他著‥‥‥232頁・定価3080円

㊴ 情報とデザイン
　久野　靖・小池星多他著‥‥‥‥248頁・定価3300円

続刊書名

・コンピュータグラフィックスの基礎と実践
・可視化

（価格，続刊署名は変更される場合がございます）

【各巻】B5判・並製本・税込価格

共立出版

www.kyoritsu-pub.co.jp